培养孩子高情商的100个细节

郭志刚 ◎ 编著

北京工业大学出版社

图书在版编目（CIP）数据

培养孩子高情商的 100 个细节 / 郭志刚编著．—北京：北京工业大学出版社，2012.5（2022.3 重印）
ISBN 978-7-5639-3085-2

Ⅰ．①培… Ⅱ．①郭… Ⅲ．①情商－儿童教育 Ⅳ．① B842.6

中国版本图书馆 CIP 数据核字（2012）第 075045 号

培养孩子高情商的 100 个细节

编　　著：郭志刚
责任编辑：张珊珊
封面设计：胡椒书衣
出版发行：北京工业大学出版社
　　　　　（北京市朝阳区平乐园 100 号　邮编：100124）
　　　　　010－67391722（传真）　bgdcbs@sina.com
经销单位：全国各地新华书店
承印单位：唐山市铭诚印刷有限公司
开　　本：710 毫米 ×1000 毫米　1/16
印　　张：14
字　　数：232 千字
版　　次：2012 年 5 月第 1 版
印　　次：2022 年 3 月第 4 次印刷
标准书号：ISBN 978-7-5639-3085-2
定　　价：39.80 元

版权所有　翻印必究
（如发现印装质量问题，请寄本社发行部调换 010－67391106）

前　　言

美国《时代周刊》曾宣称："如果不懂 EQ，从现在起，我们宣布：你落伍了！"

人们可能对"IQ"耳熟能详，但并不是所有人都真正懂"EQ"。1990 年，当美国的两位心理学家约翰·梅耶和彼得·萨洛维首次提出"情商（EQ）"时，人们并没有为之哗然，也不愿将更多的时间、精力花费在研究这个"新潮"词汇上。

可如今，情商的概念已在全球深入人心。那么，到底什么是情商呢？情商对于孩子成长的重要性何在？家长培养孩子情商要从哪些细节入手呢？

被称为"情商之父"的哈佛大学教授丹尼尔·古尔曼曾说："情商是决定人生成功与否的关键。"许多杰出的科学家也通过大量研究表明，在人的智力商数即 IQ 以下，还存在着超越人类智力的参数——情商（EQ），也叫做情绪智慧，主要包括认识自身情绪、管理自己情绪、自我激励、认知他人情绪及处理人际关系这 5 大领域的重要内容。

以往，人们认为决定人生成功与否的最重要因素是智商水平。但事实上，智商高的人不一定是社会中的强者，情商水平的高低也对一个人能否取得成就起到关键性作用。

有一个美国男孩，自出生起，他的父亲就采用各种手段开发其智力，目的是让他成为世界上最聪明的人。男孩 3 岁时就能用母语自由阅读并书写，4 岁时能写出超过

500字的文章，当地人都视其为神童。更让人意想不到的是，在没有任何人指导的情况下，男孩到6岁时竟写出了一篇解剖学论文。闻听此事，有不少人专程登门拜访男孩的父母，向他们请教开发孩子智力的良策。

后来，男孩的父母将他送入一所小学读书，早上还被编入一年级的他，到中午就已成三年级学生。之后，男孩的求学经历更让许许多多的学子及其家长羡慕不已，8岁上中学，11岁入哈佛大学，几乎没有人不用"聪明""天才""高智商"等称赞他。

可是，当男孩走上社会，开始自己的职业生涯，他的人生就出现了大逆转，因为他的高智商非但没有成为求职时的"金钥匙"，没有帮他打开任何一家企业的大门，反而为他增添了烦恼与痛苦。而这痛苦的根源，就在于他不会控制自己的情绪，经常愤然失控；不能调整自己的心理状态，在遇到一点挫折时选择走极端。最后，在求职过程中处处碰壁的男孩离家出走，四处流浪，一生碌碌无为。

可见，情商是影响孩子一生命运的关键因素，正如心理学家们的研究结果：20%的IQ＋80%的EQ＝100%的成功。

然而，近年来，关于孩子厌学、网恋、孤僻、冷漠甚至犯罪的报道层出不穷，很多人将这样的孩子称为"问题孩子"。但教育专家研究发现，孩子们的问题并未出在智商上，而是情商相对较低。

所幸的是，孩子的情商不是与生俱来的，是可以通过有意识的训练来提高的。在这个过程中，父母有着不可推卸的责任。

高情商让孩子有足够的能力应付挑战，让他变得更强，但高情商来自父母耐心的培养与训练。本书中，我们选取与孩子情商相关的100个细节，通过许许多多名人故事或生活中常见的家教案例，仔细剖析了父母在帮助孩子提高情商水平时应注意的种种问题，并提供了相应的训练方法，希望对每一位读者有或多或少的益处。

编　者

目 录

第一章　13岁前，培养孩子情商的关键期 …………………………… 1

　　细节1：3～12岁，孩子情商形成的关键期 …………………………… 3

　　细节2：智商决定成绩，情商决定成功 ………………………………… 4

　　细节3：提高孩子情商的三个步骤 ……………………………………… 5

　　细节4：测试一下孩子的情商能力 ……………………………………… 7

　　细节5：孩子的情商是后天培养出来的 ……………………………… 10

　　细节6：让自己成为高情商的父母 …………………………………… 12

　　细节7：培养孩子的情商，要先进入孩子的世界 …………………… 13

　　细节8：了解影响孩子情绪的常见因素 ……………………………… 15

第二章　男孩、女孩性别不同，父母的培养方式也不同 …………… 17

　　细节9：男孩哭泣不是懦弱的表现 …………………………………… 19

　　细节10：对男孩加大"男子汉"教育 ………………………………… 20

　　细节11：男孩也需要父母的肯定 ……………………………………… 22

　　细节12：女孩，富养但不能娇纵 ……………………………………… 24

　　细节13：提高女孩情商，先要了解她们的心理 ……………………… 26

　　细节14：女儿的情商培养，父亲不能缺席 …………………………… 28

第三章　性格不同，情商教育的方式也不一样 ……………………… 31

　　细节15：如何对性格叛逆的孩子进行情商教育 ……………………… 33

细节 16：怎样对内向的孩子进行情商教育 ················· 34
细节 17：外向孩子的情商如何培养 ····················· 36
细节 18：乖孩子的情商教育重点在哪里 ················· 37
细节 19：怎样对泼辣孩子进行性情教育 ················· 39
细节 20：慢性子孩子的情商教育如何入手 ··············· 41
细节 21：怎样让急脾气孩子"修身养性" ··············· 43

第四章 让孩子认识自我、接受自我的 8 个细节 ········· 45

细节 22：父母怎样帮助孩子认识自我 ··················· 47
细节 23：让孩子明白：自己的镜子就是自己 ············· 49
细节 24：预防孩子变得以自我为中心 ··················· 51
细节 25：怎样帮孩子摆脱心理"牢笼"的束缚 ··········· 52
细节 26：让孩子看到自己的长处和优势 ················· 55
细节 27：鼓励孩子发掘自己的潜能 ····················· 56
细节 28：让孩子学会接受自己的不完美 ················· 59
细节 29：让孩子发现自己独特的价值 ··················· 61

第五章 帮孩子管理好情绪的 10 种方法 ················· 63

细节 30：怎样消除孩子的逆反心理 ····················· 65
细节 31：如何应对孩子的厌学情绪 ····················· 67
细节 32：及时帮孩子消除压抑情绪 ····················· 68
细节 33：冷处理应对孩子的无理取闹 ··················· 70
细节 34：当孩子逃学时家长怎么办 ····················· 72
细节 35：用"等待法"训练孩子的忍耐力 ··············· 74
细节 36：当孩子对老师不满时怎么办 ··················· 76
细节 37：当孩子有"教室焦虑"时怎么办 ··············· 78
细节 38：发泄，疏通比截流更重要 ····················· 80
细节 39：怎样改变孩子固执任性的习惯 ················· 82

第六章　品德是培养孩子高情商的关键 …… 85

- 细节40：让孩子有社会公德心 …… 87
- 细节41：让孩子明白，要想获得尊重先要尊重他人 …… 89
- 细节42：诚实的品质，让孩子受益一生 …… 90
- 细节43：如何培养一个明辨是非的孩子 …… 92
- 细节44：让孩子成为一个有责任心的人 …… 94
- 细节45：羞耻心，孩子洁身自好的细节 …… 96
- 细节46：引导孩子懂得守信重诺 …… 97
- 细节47：让孩子明白节俭是美德 …… 99
- 细节48：让孩子成为一个坚持公平公正的人 …… 101
- 细节49：让孩子学会帮助他人 …… 103

第七章　爱的教育，教孩子爱自己也爱他人 …… 105

- 细节50：想让孩子学会爱，首先得给孩子爱 …… 107
- 细节51：让孩子学会爱自己 …… 109
- 细节52：怎样让孩子成为一个有爱心的人 …… 110
- 细节53：让孩子不再对人冷漠 …… 112
- 细节54：让孩子学会感恩 …… 114
- 细节55：如何让孩子学会珍惜友情 …… 115
- 细节56：孩子的"爱情教育"不可忽视 …… 117
- 细节57：让孩子从公益慈善中体会大爱 …… 119

第八章　让孩子拥有好人缘的9个细节 …… 121

- 细节58：孩子应该知道的社交礼仪 …… 123
- 细节59：让孩子给别人留下良好的第一印象 …… 125
- 细节60：让孩子学会真诚地赞美和欣赏别人 …… 127
- 细节61：分享——教孩子学会复制自己的快乐 …… 129
- 细节62：培养有合作精神的孩子 …… 131
- 细节63：培养孩子幽默感的方法 …… 133

- 细节64：如何培养善解人意的孩子 ⋯⋯ 135
- 细节65：教孩子与朋友融洽相处 ⋯⋯ 137
- 细节66：教孩子学会倾听 ⋯⋯ 139

第九章　培养孩子应对社交难题的能力 ⋯⋯ 141
- 细节67：提高交往能力，别让孩子"窝里横" ⋯⋯ 143
- 细节68：教孩子正确看待与朋友之间的冲突和矛盾 ⋯⋯ 145
- 细节69：教孩子学会拒绝他人的艺术 ⋯⋯ 147
- 细节70：如何引导孩子宽以待人 ⋯⋯ 149
- 细节71：教孩子从不同的角度去看问题 ⋯⋯ 151
- 细节72：如何提高孩子的口才 ⋯⋯ 152
- 细节73：共情，让孩子学会换位思考 ⋯⋯ 154
- 细节74：正确引导孩子与异性交往 ⋯⋯ 155
- 细节75：熄灭孩子的怒火 ⋯⋯ 157
- 细节76：鼓励孩子勇于承认自己的错误 ⋯⋯ 159
- 细节77：不能戴有色眼镜看孩子的朋友 ⋯⋯ 161

第十章　8个技巧，培养孩子成功欲望和自我激励的情商 ⋯⋯ 163
- 细节78：自信——孩子走向成功的必备品质 ⋯⋯ 165
- 细节79：乐观——引导孩子快乐成长 ⋯⋯ 166
- 细节80：教孩子学会自我激励 ⋯⋯ 167
- 细节81：独立——更少的依赖，更多的自由 ⋯⋯ 169
- 细节82：鼓励孩子坚持梦想 ⋯⋯ 170
- 细节83：缺乏自主能力的孩子易被淘汰 ⋯⋯ 171
- 细节84：帮助孩子培养终身学习的能力 ⋯⋯ 173
- 细节85：让孩子学会"吾日三省吾身" ⋯⋯ 175

第十一章　8项训练，培养孩子直面现实、敢于接受挑战的情商 ⋯⋯ 177
- 细节86：训练孩子面对突发事件的应变能力 ⋯⋯ 179
- 细节87：对孩子进行竞争能力训练 ⋯⋯ 181

细节 88：让孩子勇敢起来的训练 …………………………………… 182

细节 89：告诉孩子不服输 …………………………………………… 184

细节 90：教孩子进行时间管理 ……………………………………… 187

细节 91：帮孩子养成坚持到底的好习惯 …………………………… 188

细节 92：适者生存，培养孩子的适应能力 ………………………… 190

细节 93：教孩子学会自我保护 ……………………………………… 192

第十二章 有所为有所不为，父母培养孩子情商要避开的 7 个误区 …… 195

细节 94：让孩子远离单纯的行为模仿 ……………………………… 197

细节 95：教育孩子切莫重物质轻精神 ……………………………… 199

细节 96：望子成龙，却不拿孩子的兴趣当回事儿 ………………… 201

细节 97：培养孩子的耐心，重在自己有耐心 ……………………… 203

细节 98：培养独立的孩子，家长不要过分关心或迁就 …………… 204

细节 99："当众批评"会吓走孩子的自信心 ……………………… 206

细节 100：要孩子控制情绪，自己却经常跟孩子发脾气 ………… 209

第一章

13岁前，培养孩子情商的关键期

经权威教育专家论证分析，13岁是孩子成长中的一个分水岭，因为大多数孩子在这时已告别小学生活，并形成自己独立的个性、心理、习惯、智力及情商，且之后很难再改变。所以，13岁之前是孩子成长的关键期，其中情商形成的关键期是3~12岁，家长应在这10年里对孩子进行正确的引导和教育，若错过了这段"情商培养黄金期"，之后再付出十倍的努力，可能都事倍功半。因此，若想让高情商对孩子身心发展及学习、工作、生活等产生积极影响，家长就应在掌握其情绪特点的基础上，有针对性地培养他的情商。

细节1： 3~12岁，孩子情商形成的关键期

在孩子成长的过程中，3~12岁的这段时期，是他情商形成的关键期。孩子的情商会影响他的一生。心理学家研究发现，凡在关键期受过正规情商培养的孩子，其学习成绩、人际交往、未来工作能力及婚姻状况，都优于未受专门培养的孩子。

经权威教育专家论证分析，13岁是孩子成长中的一个分水岭，因为大多数孩子在这时已告别小学生活，并形成自己独立的个性、心理、习惯及智力、情商，且之后很难再改变。

所以，13岁之前是孩子成长的关键期，其中情商形成的关键期是3~12岁，家长应在这10年里对孩子进行正确的引导和教育，若错过了这段"情商培养黄金期"，之后再付出十倍的努力，可能都事倍功半。

孩子的情商不仅仅包括人们习惯上认识的社交能力，还包括自我认知、情绪管理、自我激励及了解他人的能力。一般情况下，我们可以从"爱心""自信心""独立性""乐观""诚信""意志力"等方面评价孩子的情商，高情商的孩子往往是善于感受、理解、运用和表达自己及他人情感的人，也是拥有良好道德情操，有独立人格、有勇气、有毅力的人。

在成长的每个阶段，孩子情绪的形成和发展都有不同的特点，而在情商形成的关键期，若想让高情商对孩子身心发展及学习、工作、生活等产生积极影响，家长就应在掌握其情绪特点的基础上，有针对性地培养他的情商。

3~6岁的孩子，其情绪往往很容易因受外界事物影响而发生变化。不仅如此，这一时期的孩子还很容易冲动，不能很好地控制和调节自己的情绪，比如在受到家长责骂时他会哭闹，但当家长拿玩具、零食等哄他时，他立马又会破涕为笑。

所以，对3~6岁的孩子，家长应注意培养其冷静、沉稳的性格，多用表扬、鼓励的方式建立起孩子的自信心，让他在遇到难题时能够独立、冷静地去处理，并有勇气承担后果。

当孩子在7岁以后，他的学习压力也会越来越大，这种压力会严重影响其情绪的表达和变化。而且在思想上，孩子开始有意识地挣脱家长的束缚，以获得更多的自由，这时若家长教育、引导的方式不恰当，孩子就很容易出现厌烦学习、不自

信、情绪差等状况，这些都是低情商的表现。

因此，对于7～12岁的孩子，家长应注意培养其良好的学习习惯，避免对他施加压力。如果孩子情绪差，容易发脾气，家长就应多花心思，耐心帮他平复心情，必要时教他用安全、健康的方式发泄情绪，而不是随意发怒甚至用伤害自己或他人的方式来发泄怒气。

细节2：智商决定成绩，情商决定成功

以往教育孩子的过程中，大多数家长都过于重视其智商水平，往往忽略了孩子的情商。

或许，智商高的孩子会取得较好的成绩，会考入好的大学，也可能会谋得好的工作岗位，但若情商过低，无法进行自我管理、自我控制，也不能建立起良好的人际关系，那他与周围人相处时可能会产生许多摩擦，自己的学习、工作也不会很顺利，最终也很难获得真正的成功。

许多心理学家、教育学家经长期调查研究发现，一个人的成功，只有20%取决于智商的高低，而80%取决于他的情商。

对孩子而言，任凭他的智力如何超群，学业多么优秀，但若缺乏良好的情绪管理能力，情商很低，他就很容易出现性格上的偏差。这不仅会阻碍自己成长成才，有时还会对他人造成不利影响，轰动全社会的"药家鑫事件"就是最好的反面例证。药家鑫作为一名大学生，智商和学习成绩自然都不低，但他的情商却很低。他不具备自我管理、自我控制及正确处理突发事件的各种能力，无论在做人还是做事上，他都是一个失败者。

所以，在教育孩子的过程中，家长不能把所有注意力都集中在其智力开发和考试分数等方面，还要特别注重对其人格、性格等"软实力"的培养，让孩子拥有高情商，让其情商与智商相互促进，最终带他走上真正的成功之路。

情商所包括的主要内容包括情绪管理与社会交往，而这与数学、音乐、美术等一样，也是一门科学，它需要孩子用心去学，需要家长、老师用心去教。作为家长，要培养高情商的孩子，首先应正确对待孩子的学习成绩，毕竟成绩不是评价孩子优秀与否的唯一标准。具体而言，家长还应做到这样几点：

1. 教孩子理智对待考试分数

在孩子成长的过程中，家长应根据他的具体情况，帮他制定合理的学习目标。当孩子取得好成绩时，家长应及时给予表扬，若某次考试出意外，成绩不太理想，也不能责怪孩子，而应从旁鼓励，让他树立起自信心，继续努力。

考试分数并不是评价孩子的唯一标准，家长应时常告诉孩子，即使他的成绩不是最高的，但他在其他方面表现得很好，所以也是个很优秀的孩子。

2. 让孩子快乐地学习

学习原本应该是件快乐的事情，但在竞争激烈的社会环境中，越来越多的孩子沦为学习的"机器"。于是，学习成了许多孩子的负担，成了一件十分痛苦的事情。在重压之下，孩子取得好成绩并真正获得成功的可能性，只会越来越小。

所以，要让孩子获得更多成功的机会，家长应尊重他的学习兴趣，引导他找到适合自己的学习方法，让他轻松、快乐地学习。自己有兴趣的事，即便别人都觉得苦、累，人们也会乐在其中，并积极主动地做好它。

3. 明确告诉孩子情商的重要性

当孩子知道情商对于自己未来人生的重要性，他才会积极配合家长锻炼其情绪管理、社会交往能力的行动。

所以，家长应尽早向孩子解释什么是情商，平时生活中要经常提醒他情商高低对自己未来发展有哪些影响等。要让孩子明白情商的重要性，家长只讲"大道理"是不够的，还应用大量事实证明，成功者往往都是拥有高情商的人。

《21世纪报》曾报道过美国对拥有数百万美元的富翁的一项调查，结果显示，决定他们成功的因素中，最重要的几种是"诚实地对待所有人""严格遵守纪律""与人友好相处"等情商因素。

家长时常引导孩子关注这样的调查数据或名人的成功故事，久而久之，孩子就会对"情商"有更清晰、更客观的认识。

 细节3：提高孩子情商的三个步骤

5岁的小男孩远远最近总是不肯去幼儿园，而且情绪很不稳定，妈妈问他为什么不愿去，结果还没说两句话，他的眼泪就下来了。无奈之下，妈妈拿好吃、好玩

的东西哄他，这才得知真相。原来，几天前老师打算让小朋友们排练一个武术节目，在半个多月后的六一儿童节表演。远远觉得平日里老师最喜欢他，一定会让他参与其中，可没想到老师找了其他几个小朋友排练。于是，远远觉得很委屈，他不明白，自己没做错什么事，为什么老师不让他参与表演。

孩子小时候往往是敏感、脆弱的，遇到不顺心的事或经受一点点挫折，他们可能就会满脸委屈或生气。其实，这是因为他们的心理还不够成熟，是情商低的表现。

一般来说，低情商的孩子的心理比较幼稚，不善于思考，看待问题的目光比较浅，常常看不到本质，而且十分在乎父母、老师或小伙伴们对他的评价。很多时候，说者无意，听者有心，别人不经意间说出的一句话，就可能会引起孩子胡思乱想，或让他感到莫大的委屈。

儿童教育学家认为，提高孩子的情商，家长要循序渐进，从释放不良情绪开始，平息孩子的情绪和孩子诚恳交流，教孩子承认现实并寻找解决方法，通过这三个步骤，慢慢提高其对情绪的认识和控制能力。

1. 让孩子把委屈释放出来

当孩子遇到不公的对待或难题时，往往情绪上会有大的波动，这时，若父母对其委屈置之不理或认为是小事而压制、批评，其结果会适得其反，都会让孩子的不良情绪积聚的更多，久而久之，孩子的情绪问题更不易处理。因此，父母就遇到这种情况时，可让孩子痛痛快快地哭出来，或用其他合理的方式把委屈释放出来。让孩子体会到父母对他的关爱，对他的"不平"遭遇的同情，在家中能够真实地表现自己的喜怒哀乐，这样，才会有利于家长对孩子进行下一步的情商引导。

2. 和孩子深度沟通交流

孩子的委屈释放出来后，家长应及时用关怀、鼓励等语言对孩子进行劝慰，让其情绪能尽快平复下来，也可以采取转移其注意力等方式让他从情绪波动中走出来。然后，再和孩子讨论这些不良情绪带来的坏处，如"宝贝，你愤怒过后，是不是现在感觉头晕晕的，身体有点不舒服呢？这就是坏情绪对你伤害""孩子，告诉爸爸（妈妈），哭过后你现在感觉好些了吗？"家长和孩子在对坏情绪的讨论中，引出孩子"为什么感觉"委屈这个问题，鼓励孩子讲出自己的遭遇，并把自己的感觉和看法也一并说出来。这时，孩子的注意力就会集中在对事情对错的分辨上，这正是其形成自己"处事"观点和方法的关键期，家长和孩子的讨论也是对其进行情商教育的好时机。

3. 让孩子将注意力集中到寻找解决方法上

在上一步中，家长经过和孩子的深入交流后，常常会发现以下三种情况：孩子有时候是被一些小事所困扰、打击；有时候是遇到不平的对待；还有的时候就是孩子自己"多愁善感"想出来的麻烦。这时就要引导孩子寻找"幕后凶手"上，而不是一味的哭泣和沮丧，即教孩子在面对问题时，除了一时的情绪波动外，更要善于寻找解决方法。

对于第一种情况，家长可告诉孩子"这些其实都是小事，对你的学习（外貌）没有影响""孩子，你也知道，有时无意中说到他人的缺点，并不都是正确的，对吧?！反过来，他们有时说你的也不都是对的"。在孩子面对第二种情况时，家长应让他明白"这个世界是不完美的"，遇到不公正对待时，不要沮丧，更不要一味的发火抱怨，而是要相信自己"虽然你们冤屈了我，但我仍然相信自己的学习成绩会更好的（相信自己做的是对的）"，与这样的人生气是不值得的。当孩子面对第三种情况时，父母要告诉他"孩子，在做事情前不要过于担心失败，爸爸妈妈是不会怪你的""孩子，不用担心你今天穿的衣服是否不顺眼，每个人都有自己的判断标准，穿你自己喜欢的就好！""当你有顾虑时，孩子，就大胆地告诉爸妈，我们和你一起商量，好吗？"让孩子明白，哪些担心是不必要的，以及在日后应该如何避免，更明白，父母是自己最好的后盾，在生活中充满阳光、乐观、自信的色彩。

细节4：测试一下孩子的情商能力

1. 在游戏活动中我总觉得身体很灵活/我的孩子对于各种体育活动都很喜欢。
   A. 是　　　　B. 否
2. 看到别的伙伴有新玩具，我一定要父母也给我买一个/看到商场里的新玩具，孩子总是要让父母给买一个。
   A. 是　　　　B. 否
3. 我可以较长时间的思考一个问题/面对难题时，孩子能想上半小时而不厌烦。
   A. 是　　　　B. 否
4. 对于自己熟悉的事情，我能很快的完成/只要学过的东西，不管是叠被子还是系鞋带，孩子能完成的很好。
   A. 是　　　　B. 否

5. 碰到烫的东西我能很敏捷的缩手/碰到尖利的东西时孩子总能迅速避开。

    A. 是   B. 否

6. 我宁愿放弃一部分玩的时间来多学一种乐器/当父母提出少玩一会儿,再学一门新艺术课时,孩子能高兴地接受。

    A. 是   B. 否

7. 即使现在很饿,我也能等爸爸妈妈都坐好了再一起吃饭/当一起吃饭时,孩子总会等父母拿起筷子自己才开始吃。

    A. 是   B. 否

8. 吃饭时我总是先把自己喜欢的吃完,最后剩下很多不喜欢吃的饭菜。

    A. 是   B. 否

9. 我玩耍时通常一直玩到累得筋疲力尽为止/孩子玩起来总是累了才停下来,不然父母的话听不进去。

    A. 是   B. 否

10. 我常常能忍住不发火/遇到不如意的事情时,孩子能忍住不发急。

    A. 是   B. 否

11. 我的四肢感觉伸展自如,不僵硬/在玩游戏时,孩子的手脚都很灵活,有些难度的游戏也不在话下。

    A. 是   B. 否

12. 跳舞时,我的动作很协调/进行较长时间的运动,孩子也能坚持下来。

    A. 是   B. 否

13. 我一高兴起来就很难平静下来/孩子遇到高兴事儿就会激动半天才能安静下来。

    A. 是   B. 否

14. 对于较难的问题,我会花更多的时间去思考,然后再动手做/当遇到难题时,孩子会先多琢磨琢磨再去尝试解决。

    A. 是   B. 否

15. 做作业时,我总是想清楚了再动笔/在写作文时,孩子会先想好腹稿再开始写。

    A. 是   B. 否

16. 我现在花时间学知识,是为了得到父母的表扬/孩子常认为自己上学是为了让父母高兴,能得到他们的赞赏。

A. 是　　　　B. 否

17. 每天我都觉得很高兴/孩子的心情每天都很不错。

A. 是　　　　B. 否

18. 当有两样我都喜欢的东西只能选择一样的时候,我会很难做出选择/当孩子面对喜欢的东西,而又需要二选一或多选一时,往往举棋不定。

A. 是　　　　B. 否

19. 父母如果不答应我的要求,我常常会大哭大闹/当父母没有满足孩子的要求时,他就会撒泼直到得到满足为止。

A. 是　　　　B. 否

20. 我相信自己即使面对一个难题,也能很快做出解答/当写作业遇到较难的题时,孩子也相信自己能找出解决方法。

A. 是　　　　B. 否

计分办法:

下表的积分栏中,如果 A=1,B=0,则表示这道题选 A 得 1 分,选 B 得 0 分,其他题依此类推。

题号	答案计分		
1	A=1;B=0	11	A=1;B=0
2	A=0;B=1	12	A=1;B=0
3	A=1;B=0	13	A=0;B=1
4	A=1;B=0	14	A=1;B=0
5	A=1;B=0	15	A=1;B=0
6	A=1;B=0	16	A=0;B=1
7	A=1;B=0	17	A=1;B=0
8	A=0;B=1	18	A=0;B=1
9	A=0;B=1	19	A=0;B=1
10	A=1;B=0	20	A=0;B=1

情商评估:

0~5分:

总得分为五分以内的孩子,他们在行为、情绪及认知方面与同龄孩子相比,发育的较晚些。这样的孩子往往自控能力较弱，不能有效控制自己的欲望，比较"由着自己的性子来"；孩子也比较情绪化，遇到不容易的事情时，经常对着父母大哭大闹，情绪比较偏激，同时，他们还不能较好地进行思维活动，当需要完成一件事情时，他们的思考方式或解决方式往往不完整，费时也较长，尤其是在进行比较精细的活动时，他们会感到比较吃力。

5~10分：

当孩子的总得分在这个区间时，说明孩子在自我控制力方面仍比较弱，情绪及认知能力比五分以内要好很多，但是仍不是理想状态。这时的孩子比较缺乏高级活动的能力，对一些精细活动不能较好地把握。日常活动中，孩子的情绪、心理等都很正常，但是遇到问题时，就会显得不耐烦，急躁，甚至会用大发脾气来发泄心中的不满，在思维方面，思考问题的效率较低。

11~15分：

总得分在这个区间的孩子，其控制力较好，有良好的日常行为习惯。他们有很好的运动能力和对精细活动的掌控能力，遇到难题时，也能较好地应对，很少出现情绪方面大的波动，更不会走极端。在思维方面，思考效率较高，对自己思维活动的时间也能有准确的评估，并能享受到应对事情中获得的成功感。

细节5：孩子的情商是后天培养出来的

情商，英文称为 Emotional Intelligence，缩写为 EQ，又被专家称情绪智力，是心理学中与智力和智商相对应的概念，它主要是指孩子在情绪、情感、意志、耐受挫折等方面的品质。心理学家认为，人与人之间的情商并无明显的先天差别，更多与后天的培养息息相关，其中，孩提时代的教育是最重要的。

美国耶鲁大学的彼得·沙罗威教授和新罕布什尔州大学的约翰·梅叶教授是情商研究的开山鼻祖，他们在1996年提出了情商的感念，并给出了明确的定义，他们认为，情商包括以下四个方面的内容。

1. 对自己情绪的认知和表达的能力

这两位教授认为，人的情商首先体现在对自己情绪的了解，以及正确表达上，它有三个方面的重点。一是个人能从自己的生理状态、情感体验和思想中了解认识自己情绪的能力；二是个人能从他人的声音、表情、文字、行为、艺术作品等语言中正确解读出其中蕴含的个性化的情绪的能力；并能准确地辨认出该情绪的真实性；三是能准确地表达出自己的情绪。

2. 以良好的情绪促进自己思维的能力

在彼得·沙罗威教授看来，情绪的重要作用之一，就是对思维能力的影响，正面的情绪能对思维起到促进、激发的作用，而负面的情绪则会扰乱正常的思维过程，甚至导致思维障碍。具体来说，积极的情绪能对于情绪相关的判断和记忆产生促进的作用，个人心绪的波动能帮助其从多角度看问题和思考解决方法，尤其需要指出的是，当人处在一些特定的情绪状态时，对一些特殊问题的解决有很大的帮助。

3. 自己获得情绪知识的能力

包括给不同的情绪下准确的定义，明白自己的情绪和各种语言表达之间关系的能力；理解情绪所蕴含的深层意义的能力；能认识和分析自己的情绪产生的原因；理解自己和他人复杂心情的能力。

4. 对自己的情绪进行调节的能力

包括以开放的心情接受各种情绪的能力；根据所获知的信息与判断，成熟地进入或离开某种情绪的能力；成熟地分辨与自己和他人有关的情绪的能力。

彼得·沙罗威教授和约翰·梅叶教授认为，情商的价值是不可估量的，尤其是对孩子来说，它是伴随其一生的财富。孩子日后成就的高低，特别是在其成年后的生活幸福感、快乐度以及事业成就上，主要与其早期的情商家教有着密切的联系。因此，这两位教授建议家长可从以下几个方面入手，对孩子进行情商教育。

提高孩子的自我察觉能力。如引导孩子高兴时能明白自己兴奋的原因，当他不高兴时提醒他及时意识到自己的失态。

帮助孩子提高自己掌控心情的能力。当孩子兴奋过度时提醒他注意收敛，当心情变坏时能较快地平静下来，摆脱不良因素对情绪的干扰。

适当地对自己进行激励。指导孩子设置合理的生活、学习目标，以及相应的激励措施，当遇到挫折时能坚持努力，并能充满激情地去获取成功。

帮孩子做个善解人意的人。教孩子不但能明白自己所思所想，还能换位思考，理解他人，帮助他人。

提高孩子的交际能力。让孩子善于交朋友，能融入新的集体中，并赢得朋友的信赖和喜爱。

另外,在培养孩子的情商中,约翰·梅叶教授还特别提出了这样一个建议:孩子是在模仿和互动成长的,在对孩子进行教育时,家长更应注意自身的行为表现,否则只会出现事倍功半的情况。

细节6:让自己成为高情商的父母

父母是孩子的第一任老师,孩子小时候的许多行为举止,都是在学习、模仿父母,他的心理状态、情绪变化等也都受家庭氛围的影响。比如,在一个家庭中,父母情商低,脾气暴躁、易怒,经常吵架甚至大打出手。长期如此,孩子可能会觉得压抑,遇到一些事情可能也会发脾气,用一种消极的、不健康的方式发泄心中的不满。

孩子13岁以前的大脑细胞比较活跃,是学习新事物的关键期,也是其情商形成的关键时期。在此期间,高情商的父母从最佳角度帮孩子营造一个理想的学习、生活环境,为孩子树立好的榜样,这对其成长和发展起着十分重要的积极作用;低情商的父母若不能很好地管理和调节自己的情绪,难以建立良好的人际关系,这个榜样就很难对孩子产生积极的影响。

生活中,每个人对人对事的态度、行为方式都大不相同,但高情商的人往往更容易获得成功。在教育孩子这件事上,高情商的父母培养出高情商孩子的可能性自然也更大一些。高情商的父母,在思想、行为、情绪等方面往往有着这样的表现:

1. 做事主动、自觉,且能够坚持

高情商的人做任何事都有很强的主动性、自觉性和自发性,不需要旁人的太多提醒和督促,而且在决定做一件事后,他会认定"坚持就是胜利"。这样的人,他懂得目标是一步一步实现的,理想的巅峰不是迈一次脚就能达到的;这样的人,当再次染上原本希望戒除的旧习惯时,他会尽快将自己拉回到正确的轨道上,并积极吸取教训;这样的人,不管自己是否处于最佳情绪状态,他都会坚持正常工作,努力让自己冷静下来,用实际行动证明自己。

作为父母,如果我们丧失了勇气和信心,做任何事都要靠外界的推动和督促,都需要别人施压才会着手去做,那么与我们朝夕相处的孩子,也很容易缺乏做事的主动性和自觉性,其自我激励、自我鞭策、自我管理的能力会越来越差。

2. 目光长远，善于抓住机会，懂得未雨绸缪

高情商的父母懂得"人无远虑，必有近忧"，他们想问题、做事情时都会考虑长远利益，不计较眼前的一点点得失。相反，低情商的父母往往急功近利，教育孩子时只注重他当前的学习成绩，而忽略了对其未来发展有积极影响的其他能力、素质、品行等的培养。

另外，高情商的父母在教育孩子时善于抓住每一个机会，遇到难题时不会浪费时间去发愁，而是满怀热情地寻找解决问题的方法，从生活中的每一件小事出发，努力培养高智商、高情商的孩子。

3. 人际关系和谐融洽

高情商的人会理解别人，设身处地为别人着想，能够尊重他人意见并与之团结协作，这样的理解、尊重也是孩子需要的。不仅如此，父母有良好的人际关系网，能够与他人友好相处，孩子也会慢慢受到影响，并在与人相处的过程中不断提高自己的社会交往能力。

4. 控制好自己的情绪，对孩子真诚的肯定

在家庭中，父母善于控制自己的情绪，任何时候都能冷静、理智地思考或行动，这也是高情商的一个重要体现。很多时候，当孩子出现一些不良行为，父母就很容易被触怒，但发脾气不但解决不了任何问题，还会让孩子心中有更多怨气、委屈等。

所以，生活中，高情商的父母时常会保持头脑冷静，尽量压抑自己激动的情绪，心平气和地与孩子交流。在这个过程中，父母给予孩子真诚的肯定，并激励他继续努力，这有助于清除孩子消极的情绪。

细节7：培养孩子的情商，要先进入孩子的世界

儿童教育专家认为，不少家长和孩子虽然生活在一起，但其实他们是处于"两个世界"，家长眼中的孩子，心里为孩子做的安排、打算等都是从自己的角度出发，仍避免不了成人的色彩，并没有真正进入到孩子的内心世界，出现上述问题就是难免的了。

无独有偶，不但家长有这样的感觉，现在也有不少学者也发现了这些问题，其中就有著名的儿童心理学家和儿童文学作家。前不久，这些专家学者在香港召开了

一次儿童文学方面的研讨会，在会上就专门讨论了这个问题。

其中，约旦的儿童文学女作家娜贾尔女士就认为，大多数的成人对儿童的世界存在着严重的误解。她认为，我们成人应该重新审视自己在和孩子互动中的所思所想和采取的行为，应该重新认识孩子，想方设法真正了解孩子，真正走入孩子的世界，为他们的心理和情感的健康成长提供更有效的帮助。

那么，如何真正走进孩子的世界呢？这些专家认为，其实方法很简单，就看我们是否在生活中真正实践了，下面的三个方法供家长朋友参考。

1. 了解孩子的生理和心理发育特点，理解孩子的行为和思维方式

孩子正处于成长发育阶段，无论是生理还是心理，都和成人有着非常大的区别，这就决定了他们"人小鬼大""说话幼稚""孩子性情变化大"等特点，家长在生活中，往往是在教育的初期对孩子比较关注，对他们的心理变化也比较敏感。但天长日久，家庭生活和工作压力下，家长自然对孩子的关注度下降，而且看到孩子一天天在长大，就把重点放在了学习上，其他方面也顾及不到了。但是，在孩子青春期结束以前，特别是12岁以前，他们的生理、心理变化非常大，也很需要父母的深度关爱，而父母往往做不到这一点。因此，专家建议，父母应将孩子的成长看做是自己一生的事业，应坚持长期关注，深入了解，这样才能保证孩子的智商、情商等都能得到健康的发展。

2. 不做孩子眼中的"不耐烦爸妈"

在生活中，家长往往会对孩子提出的连串的问题，以及带来的各种麻烦感到头痛不已，在有充足的时间和心情好时，还会耐心帮孩子解答问题，当家务繁忙或工作压力大时，就对孩子的求教心不在焉了，即使这样，家长还会觉得"虽然忙，但我又没呵斥他，只是不理他，做的已经不错了！"其实不然，在孩子看来，经常性的漫不经心的敷衍，会让他产生"爸爸（妈妈）感到不耐烦了，他们不重视我"的印象。当出现这种情况是，家长可以和蔼地告诉孩子，虽然爸爸妈妈现在很忙，没有时间帮他解决问题，但是可以给他提出建议，让他可以自己去尝试，有问题再一起商量；或者约定个时间，爸爸妈妈专门和他一起研究这个问题等等，都会让孩子体会到父母的爱心。当然，如果时间允许，家长应耐心地倾听孩子的诉说，从他的表达中，真实了解孩子的心理状况，并及时进行适当地引导。

3. 平等对话，鼓励孩子说出自己的想法

在我国，本来就有着家长专制教育的传统因素，80后、90后的年轻家长比起

祖辈来，的确已经比较开明了，但是他们往往在了解孩子的内心方面做得不够，还不能做到和孩子真正的平等对话，在鼓励、耐心倾听完孩子的心声后，再帮助其分辨对错，在这个基础上让孩子心甘情愿地接受犯错惩罚。此外，在孩子没犯错时，家长也要时时关心孩子的成长，和他们进行平等的对话交流，了解其内心需求和心理变化，并给与合理的认可和帮助，这样才能有益于孩子的顺利成长。

细节8：了解影响孩子情绪的常见因素

心理学家认为，孩子在四五岁时，大脑容量会达到至成人的三分之二，是一生中脑发育最快的阶段，其情感的学习能力也在这个时期得到快速的发展，因此，孩子在6岁以后的情感经验对他的一生都有深刻的影响；而在接下来的7到12岁期间，又是孩子智商和情商的进一步发展、调整阶段。在这两个阶段中，孩子在家中和学校的表现都和他的自我认知、评价有着紧密的联系，较好的评价会成为孩子日后发展的良性动力，较差的评价会直接影响孩子的积极性，而这些自我认知和评价的好坏，都受到各种的影响，即内外因素对孩子情商的发展有着不可忽视的影响。儿童教育专家认为，有四种因素对孩子的情商有重要的影响，它们分别是家长的溺爱、压力、心理不成熟、隔代抚养。

1. 溺爱是孩子健康成长的"拦路虎"

在溺爱的环境中长大的孩子，由于一直处在顺境中，生活中想要什么就有什么，他就会认为社会就是这样的：只要自己喜欢的就能也应该得到满足。这样的错误思想一旦形成，就会对他今后的人生道路产生严重的影响，特别是当面临需求得不到满足时，就会出现错误的认识和抉择，产生对自己不利的结果。

现在的家长都希望能"望子成龙，望女成凤"，让孩子把精力都放在学习上，什么事情都帮孩子打理好了，既不让他参与家务劳动，也不让他去解决自己遇到的生活问题，久而久之，孩子不但会对学习产生枯燥、逆反心理，在其他方面的能力也会出现退化的情况，成为"手不能提肩不能扛"的"百无一用是书生"。而这种能力低下也会影响到孩子的心理和情绪的发展，不如别人会让他出现自傲又自卑的心理，不利于健康成长。

由上可以看出，溺爱孩子，不但会让孩子能力低下，还会导致其情商出现问

题，更严重的还不止这些。当孩子在成年后，发现自己除了会向社会索要外，自己动手创造财富、在生活技能以及创造财富方面都不如别人，就会产生自卑和怨恨感，将自己的不顺化为愤怒，并将矛盾对准父母，认为是他们的不当教育导致自己出现这种情况，因此，不知爱不懂爱的他更不会孝敬父母。

2. 过重的学习压力反倒影响孩子的进步

"心理病症已经是影响学生健康的主要病症，如果不及时治疗，还会引起生理方面的病症。"据《信息时报》报道，现在有很多学生在心理和精神方面都承担着沉重的压力，这成为他们情绪不稳定的主要原因，在六七年前，出现这种情况的主要是高中生和大学生，而如今这一问题人群已经扩散到了整个学生群体中，其中初中生和小学生的学习压力和情绪不稳定问题显得尤为突出。

出现这种问题的主要原因是家长和老师对孩子的成绩要求、学习压力上面，在家长的安排下，孩子不但要在学校成绩好，放学放假后还要参加各种特长辅导班，而在这个开发的社会中，各种信息非常丰富，娱乐手段也有很多，这就导致孩子处在大量的娱乐诱惑和沉重的学习压力的矛盾中，导致他们更加容易出现情绪问题。

3. 心理不成熟影响到孩子的情商发展

心理学家研究发现，10岁到12岁是孩子步入少年期的起点，他们正处于身体和心理快速发育的时期，但也是情绪控制不稳定的时期，即十岁以后的孩子对激情控制不佳，常常会出现情绪性的冲动，当外界出现一定的条件如骂人、对方挑衅等时，往往克制不了自己，产生不良情绪及后果。这个年龄段的孩子往往有较明显的独立意识和较强的自尊心，但是他们往往控制不了自己的情绪，合理的情绪宣泄方式也没有成为习惯固定下来，所以容易出现各种在家长看来的"不良行为"，如果得不到及时的帮助和纠正，就会影响到孩子的情商发育。

4. 隔代抚养不利于孩子的情商发展

专家介绍，孩子和父母的感情是通过日常的生活的互动而逐渐加深的，他们会通过自己的需要和父母的满足，以及日常行为的交流等方面逐渐体会到父母对自己的爱，也慢慢学会向父母表达爱等情感交流。而孩子和祖辈在一起，虽然也有情感交流，但往往是受到的溺爱比较多，同时，在孩子最关键的幼儿成长期，却缺失了和父母间的亲情交流，会导致孩子在成长中认为"父母不亲""和父母呆在一起不习惯"等情况，导致亲子沟通不畅，不利于孩子的情商发展。

第二章

男孩、女孩性别不同，父母的培养方式也不同

俗话说"富养女孩穷养男孩"，现在很多家长对男孩和女孩的期望不同，也希望能了解相应的教养方式。本章就从男孩和女孩的不同入手，对男孩能否哭泣、男子汉教育中的问题、如何认识男孩及女孩的心理特点、父母对女孩成长的影响等方面做了详细的介绍，尤其针对孩子的情商培养方面，提出了许多行之有效的建议，供家长参考。

第二章　男孩、女孩性别不同，父母的培养方式也不同

 **细节9： 男孩哭泣不是懦弱的表现**

小石头是一名男生，活泼开朗，聪明好学，升入小学四年级后，一心想当名班干部，为同学、为班集体做些贡献，可没想到的是，老师竟然选了一名比他差的学生当班干部，他觉得很委屈，越想越难过，回家的路上眼泪就在眼眶里打起了转。

"小石头，你这是怎么了？"刚回到家，妈妈看他眼圈红红的就问："是不是在学校被人欺负了？"

"……不是，是老师……老师不让我……呜……"谁知道小石头话没说完，就呜呜地哭了起来。

妈妈眉头一皱，板着脸说道："一个男孩子，成天哭哭泣泣的像什么样子，不准哭，再哭妈妈打你屁股了！"

小石头见妈妈不仅不替自己打抱不平，还要打自己屁股，心里更委屈了，嘴一咧，哭得更凶了。

妈妈见状，走过去就朝他的屁股拍了一下，小石头哭着跑回了自己的房间，不管妈妈在门外怎么敲、喊，他都装作听不见，蒙着被子呜呜地哭着，直到哭累了，抽泣着进入了梦乡。

从这天开始，妈妈发现小石头变得不太爱和自己说话了，自己喊他的时候，他也经常躲着或者一直低着头说话，曾经活泼开朗的孩子，现在变得十分的内向，不爱说话。

小石头的遭遇并不是个案，在生活中，不少年轻父母看到自己的儿子遇到挫折或受到打击而哭泣时，都会像石头妈那样"安慰"孩子。在这些父母的眼中，自己的孩子是个男孩，就应该坚强些，即使身体受伤或受到打击也不应该像女孩那样哭哭啼啼，那太娇弱了，一旦形成习惯，长大后的孩子岂不是会变成柔弱、不敢勇于面对困难的人了，怎么能成为男子汉担起家里的"顶梁柱"的重任呢？的确，这些家长的担忧不无道理，他们的想法是好的，但是，他们却忘记了一件事儿：对孩子进行情感教育时，要区别他的年龄，也要区分具体情况，不能搞"一刀切"的强制

式要求。

1. 对六七岁的男孩，不宜强制要求他"不哭"

对成人来说，偶尔的流泪哭泣还是一种释放压力的方式，对孩子来说，在他的成长过程中，哭泣更是有着丰富的含义，既是宣泄不良情绪的一种常用方式，还是向父母求助的一种信号，更是对自己能力不及的一种反映，还是孩子自我疗伤的一种手段。

这时，父母应温言安慰孩子，在他情绪宣泄后，和他一起讨论遇到了什么问题，为什么自己不能解决，自己应该想什么办法去解决等，让孩子逐渐把注意力转移到解决问题上，如是几次，孩子在遇到类似的困难，自己就有了底气，哭泣的次数就会逐渐减少。

2. 对十来岁的男孩，应教会他控制情绪

当男孩在十来岁时，他已经有了明显的性别意识，已经明白自己"是一个小男子汉"了，但仍会在生活中遇到不少的问题，当他哭泣时，父母也应劝慰为主，并告诉他"遇到十分难过的事情时，就哭出来吧""男人哭泣不是丢脸的事儿"，然后让他放下心理负担后，也明白负面情绪是需要控制的，而自己可以尝试学着遇到小事儿不哭，而不是一味地压抑。

细节10：对男孩加大"男子汉"教育

金金是个小学五年级的男孩，在他小的时候，父母就离异，他跟着妈妈一块生活。可能是缺少父爱的原因，金金的妈妈总觉得儿子最近有些缺少男子汉气息，比起男孩子们的玩耍项目，他更喜欢和女孩子呆在一起，每天搭积木，玩过家家，妈妈看着真发愁，害怕金金会越来越不像男孩子。

"妈妈，今天晚上我可以和你一起睡吗？"这天晚上，妈妈刚收拾完准备睡觉的时候，本应该躺在自己房间的金金却敲门走了进来，怀里抱着自己的枕头，可怜巴巴地望着妈妈。

妈妈问："怎么不在自己房间睡呢？做噩梦了吗？"

第二章　男孩、女孩性别不同，父母的培养方式也不同

"没有，可是房间里好黑，我害怕。小朋友们都说自己跟妈妈一起睡的，我也要和妈妈一起睡……"

金金眼睛半闭着，一看就是困极了，可仍撑着站在房间里，眼睛里全是对妈妈的渴望，妈妈无可奈何地叹了口气，摊开被子把儿子拥了进去。

可这还不算完，当妈妈帮儿子盖好被子，准备关灯的时候，金金突然从床上爬起来，捂着妈妈的手急急地说道："妈妈，不要关灯。"

"为什么？我们要睡觉了，开着灯多浪费，而且也睡不好。"妈妈微微笑道。

金金却低下头，小声说道："关了灯才睡不着呢，很黑，很害怕。"

"怎么会呢，妈妈在你身边啊。"妈妈摸摸他的小脑袋，这才记起来，以前她早上去叫儿子起床的时候，儿子床头的灯总是亮着的，她还纳闷儿子早上开什么灯呢，原来是从夜里就打开了。

后来，妈妈才知道，金金之所以这样，是因为生活中缺少了父亲的角色，而自己又没有注重儿子男子汉气质的培养，才使他的性情变得与性别格格不入的。

金金的成长环境有些特殊，在他幼儿时期父母就离异了，他一直跟着妈妈生活，和爸爸的见面机会并不多。在其成长中缺少父亲的因素，导致他的童年有些缺憾，其性格也比同龄男孩有些懦弱，怕黑就表现之一。

在生活中，有些家庭和睦的孩子也会出现这种情况，特别是在女性成员较多的家庭中，孩子大多显得有点儿"女性化"，没有其他男孩子"疯淘"的表现，这既让家长放心省心——孩子不惹事儿，给大人省了不少麻烦，也令他们有点儿担心——太文静了就不是男孩子了，面对这种两难的情况，家长应该如何对孩子进行"男子汉"的教育呢？对此，儿童教育专家提出了以下三种方法供家长们参考。

1. 给孩子施展自己本领的机会

一般来说，我们中国的家长一般都比较喜欢男孩，对其也比较宠爱，家里有什么活儿也不让他做，特别是一些能体现男性"威风"的事情，如保护小动物、干些体力活等，家长也大都从保护孩子的角度考虑而拒绝其参与，这并不利于孩子的成长，因此，家长可以在以后的生活中给孩子创造些让其能体会到自己能力的机会。例如，让孩子负责照料家里的小宠物等，这些看起来不起眼的小事，在孩子心中却是体现自己"男人价值"的大事儿。

2. 告诉孩子,"男子汉是不会胡乱发火的"

男孩子的脾气大都比女孩急躁些,遇到问题也会乱发火,这时,家长就要及时制止,并拉着孩子坐下,在他火气过去后,给他讲道理,和他一起分析为什么发火,并告诉他"男子汉是以后家里的主心骨,是家里的顶梁柱,是要照顾一大家子的,所以遇到问题是不能胡乱发火,更不能随便迁怒于人的。"并给孩子讲一些英雄豪杰、名人伟人的故事,以对他性情的形成起到良性的促进作用。

3. 自己做的事情自己承担后果

在生活中,胆小、懦弱的男孩还常常出现这样的问题:自己做错了事情后,因为害怕受到责罚,或者遭到旁人的嘲笑,而不敢承担自己的责任。这时,家长就应告诉儿子"男子汉,就是要敢作敢当""要勇于承担自己的责任",让他明白,自己做错事情,就要敢于承担,只要孩子尝试自己承担后果后,就会发现"其实自己的担心比责罚还吓人呢",也会让孩子体会到因勇于承担而受到赞扬的快乐,也能促使他做事更加认真细心。

细节11:男孩也需要父母的肯定

小刘有个11岁的儿子,聪明活泼,人见人爱,经常受到亲朋好友的夸奖,但小刘却开心不起来,因为他知道儿子其实并不像大家所看到的那么完美。

周末的傍晚,小刘正在家看电视,儿子风风火火地就跑了进来,手里还拿着一个小手电筒,一溜烟跑进了自己的房间。

小刘跟了进去,见儿子一身的泥巴,心想儿子肯定又去哪疯玩了,就对他说:"又把衣服弄的这么脏,你妈要是见到你这个样子,肯定会'修理'你的。"

"爸爸,我告诉你,咱们小区西边,有一座空楼,听说里面闹鬼呢,今天我和同学们一块进去转了一圈,结果跑出来一只耗子,把我们全吓出来了,嘿嘿……"

"那跟你衣服有什么关系?"小刘问。

"跑的时候摔倒了,就弄脏了呗,爸爸你真笨……"

"什么?儿子你去西边的破楼里玩了?"正巧这个时候,小刘老婆买菜回来了听

第二章　男孩、女孩性别不同，父母的培养方式也不同

到了父子俩的对话，把菜往地上一扔，就冲进了儿子的房间。

"有没有受伤？"妈妈让儿子站起来，转着圈审查了一遍又一遍，直到确认儿子没有受伤，这才松了一口气，不过脸上却多了几分抱怨，站起来就很不客气地对小刘说："你这个当爸的是怎么回事？只关心我会不会骂儿子弄脏了衣服，怎么也不想想儿子的安全问题。"

"老婆你刚才都听到啦？"小刘笑呵呵地对老婆说："小孩子都喜欢冒险游戏，只要不出事就没问题。"

"万一出事了呢。"妈妈十分不同意他的观点，埋怨他不心疼儿子，不关心儿子，最后对儿子下命令道："以后不准再外面乱玩，尤其是有危险的地方，更不能去，要是妈妈发现你不听话，又去做危险的事情，妈妈以后就禁止你外出！"

小刘家的儿子本来兴冲冲地告诉父母自己的新发现，想让他们分享自己的快乐，并得到他们的赞赏，但只得到了父亲的认同，母亲却因担心儿子出意外而强行阻止了这种"探险"活动，让孩子的热情受到不小的打击。

儿童教育专家认为，孩子特别是男孩的成就感和自信心与家长对他们的反应密切关联。当家长对他的行为进行表扬时，就会让他的心里感到自己是得到认可的，对自己的期望也随之提高，在日后也会更加努力，得到的表演和认可越多，这种激励就越明显。反之，如果孩子得到的批评或否定比较多，就会大大挫伤他的积极性，对自己的期望也会相应降低。因此，在生活中，家长应对注意适当增加对儿子的肯定，让他体会到来自父母的认可和鼓励，这比单纯的以"危险""不务正业"等理由而否定他的行为要好的多。具体来说，父母可以从以下两个方面对男孩进行"肯定教育"。

1. 肯定男孩积极的想法和心理

一般说来，孩子的想法和愿望往往比较单纯，期望也比较高，如果家长因关心而经常否定或压制，反倒会影响到孩子的情绪，让他产生"我的什么想法父母都会反对""虽然他们爱我，但是他们并不理解我"等想法，影响到亲子关系甚至产生隔阂，这更不利于孩子的成长。因此，堵不如疏，家长不妨在肯定孩子美好想法和良好愿望的同时，再对其进行提点，让他明白自己在哪些地方做的还不完善，需要调整，这样也更容易被孩子所接受。

2. 激励男孩下次做得更好

当男孩带着一腔热情去做事时，往往结果并不如他想象的那样好，或者，孩子

本以为自己已经做的很棒了,向父母炫耀时,父母可以先夸奖他的努力和取得的成绩,然后告诉他"孩子,你其实可以做得更好呢!""我相信我们的宝贝儿子还能取得更棒的成绩呢!"以此激起孩子的自信和兴趣,让他明白:成绩的高低、做事的完美程度不仅仅和热情有关,还和努力程度相连,并引导他们寻找提高自己的途径。

细节12:女孩,富养但不能娇纵

兰兰今年8岁了,是个漂亮可爱的女孩子。

周末的早上,兰兰拿起床边的袜子刚要穿,却闻到一股淡淡的酸臭味,原来这是昨天换下来的旧袜子,妈妈还没帮她洗呢。

"正好,我自己去把它洗了吧。"兰兰想起前两天上劳动课的时候,老师让写一篇劳动体会,这可真是个好机会,就把自己如何洗袜子的经过写下来吧。

"妈妈,水盆在哪,我要洗袜子!"她换上一双新袜子后,兴冲冲地跑去找妈妈要洗衣盆。可妈妈眉头一皱,弯下腰拿下她手中的袜子,微微一笑,说道:"乖,兰兰还小,这些事情让妈妈来做,你先去躺会儿,妈妈一会儿帮你洗脸、盛饭。"

"妈妈!"兰兰的小嘴撅了起来,脸红红地说道:"我已经是大孩子了,自己的事情会自己做!"说完,气乎乎地跑回自己房间了。

妈妈看着她的背影,笑着摇头道:"这孩子,妈妈还不是心疼你。赶紧吃饭,一会儿咱们还去许阿姨家呢。"

故事中兰兰是个乖巧懂事的女孩,她知道自己的事情要自己做,既能帮父母分担些压力,又能锻炼自己。可惜的是,她的想法是好的,但是得不到妈妈的理解。在母亲的眼里,女孩本就要富养的,不干家务活是正常的,而且女儿永远都是孩子,何况她才八岁呢?再说了,生活上的小事儿她还没有自己做的又快又好呢,有那时间和精力不如用到学习上,成绩好了比会洗衣服什么的强多了。兰兰妈的想法虽然也是好的,但已经在娇惯孩子了。在生活中,家长应该如何既能富养女孩,又不娇纵呢?我们可以从以下角度入手教育女孩。

第二章　男孩、女孩性别不同，父母的培养方式也不同

1. 给女儿好的生活条件，但也让她做自己力所能及的事情

在生活上，家长可以给女孩以较好的待遇，比如，饮食、衣物、用具等都可以是比较好，但不宜过于奢华，同时还要让她做自己应做的事情，如自己的衣服自己洗，帮家人收拾屋子，学买菜等等，让女孩既能享受到良好的生活条件，又能在劳动中体会到付出的快乐，意识到"世界上没有免费的午餐，有付出才有回报"的道理。

2. 对女儿不合理的要求要坚决拒绝，不能有求必应

不少家长都赞同"富养女孩"这个观点，但也会陷入这样一个误区：女孩的要求，只要父母能做到的，就要答应她。据媒体报道，一位年轻的父亲，就是为了"富养女儿""让女儿在日后不受物质诱惑"，在短短的春节前后一个月的时间内，身为工薪族的他就为十岁的女儿花了一万多元，给孩子买名牌的衣服、书包，只要是女儿提出了要求，他就尽力满足，甚至不惜花高价钱购买孩子喜欢的高档玩具。这位父亲的做法就明显过分了，这样的教育方式只会让女孩产生"整个世界都是围着我转的""只要我想要，东西就会有的"这种不良的想法，不利于其日后的成长。因此，即使再爱女儿，家长也要把握底线，对其不合理的要求要坚决拒绝。

3. 让孩子正确认识自己在家庭中的位置

家庭中，当父辈和祖辈都以孩子为中心，围绕着他生活的时候，就很容易让孩子产生地位优越感，让她（他）以为自己是家庭中最重要的人，在社会也是如此，并滋生骄傲、唯我独尊等错误的想法，而且，当家长越宠溺孩子，孩子就越难缠，提的不合理要求就越多，情商也就越低。因此，家长可以给孩子说"爸爸妈妈是相爱的，也爱你，不能将爱都给你一个人""孩子要孝敬长辈，不能任何事情都要爷爷奶奶听你的话"等，让孩子明白，她（他）只是家庭中重要的一员，正确认识到自己的位置了，才会懂得去关爱别人。

细节13：提高女孩情商，先要了解她们的心理

小王的女儿乐乐性格比较内向，想让她多接触一些同龄的伙伴，就想到了同事家的小美。正好两家离得不是太远，小王就趁着周末带着女儿来到了同事家。

"小美长得真漂亮，不像我们乐乐，塌鼻子。"小王本是一句玩笑话，却见女儿赌气般甩开了她的手，撅着嘴退到了她身后。

小王尴尬地笑了笑，把乐乐从身后拉出来，推到小美面前，说道："小美，乐乐就交给你了，带她去玩吧。"

"好的，王阿姨。"小美被夸奖了，心里美美的，很开心地拉着乐乐去她的房间玩去了，而乐乐倒显得有些不乐意。

小王有些担心，同事却笑着拉她到客厅闲聊，嘴里说道："没事的，美美很善于和小朋友们亲近，一会儿他们就会玩到一起的。"

"嗯，主要是我女儿太腼腆，希望受小美影响，能活泼一些。"小王回答道。

两个大人在外面谈起了教子经，孩子们在房间里玩的不知道怎么样，小王有些担心，总时不时地把目光瞟向小美的房门口，同事看到后，便站了起来，对她说："看你总不放心，我们去看看她们在玩什么吧。"

"嗯，还是看一眼比较好，这么长时间房间里也没声音，万一睡着了没盖被子怎么办。"小王担忧地说道。

同事笑了笑，来到房门外，轻轻敲了两下门这才走进去，问："美美，在和乐乐玩什么呢？"

"画画！"美美开心地回答道："我们在比赛，谁画的花最大！"

"妈妈，你快看，我画了这~么~大~一朵花，漂亮吗？"乐乐也满脸笑容地跑到小王身边，指着自己的作品，比划着。

两位妈妈朝她们指的方向一看，脸色变了。

"呀，我的天啊，真是对不起，这孩子太会捣蛋了。乐乐，快向阿姨道歉！"

原来，两个孩子竟然把雪白的墙壁当成画板，画了满墙的花花朵朵，要多脏有

第二章　男孩、女孩性别不同，父母的培养方式也不同

多脏。小王觉得很过意不去，带着孩子来玩一趟，把人家的墙弄成这么个模样，赶紧把乐乐拉到自己面前，批评道："你怎么这么胡闹，这墙是能画画的地方？妈妈在家是怎么教你的？"

"不关我事。"乐乐想辩解，可还没等她说完，妈妈就凶她了，她干脆什么也不说了，低着头不再看妈妈，小美也悄悄地低下了头。

"这不是挺漂亮的吗？"同事却不同于小王的反应，反而夸奖了起来，"尤其是这朵，又大又漂亮，谁画的呢？"

"是乐乐！我也想画那么漂亮的，可是总画不出来。"小美可怜兮兮地撅起了嘴。

同事点点头，回答道："美美确实需要锻炼，妈妈相信你，总有一天会画得更好的。乐乐画得真不错，可以当画家了呢。"

"嘿嘿……"乐乐不好意思地笑了一声，可接下来小声说道："可是，我们把墙弄脏了。"

"嗯，确实，阿姨和美美要花好久的时间来擦洗墙了。"

"我～我也来帮忙擦。"

"要不然别擦了吧，万一哪天你们又在上面画画，阿姨还得忙。"

"……那……美美，我们以后不要在墙上画了好不好？我让妈妈帮我们买纸，妈妈，可以吗？"

小王见女儿竟然主动认错，并主动和人交往说话，连忙开心地点头说道："买，妈妈一会儿就给你们买纸去。"

"太好了，那我和乐乐现在就擦墙去。"小美也开心地笑了起来。

事后，小王问同事，同事对她说："女孩子的内心其实是很敏感的，即使在她们犯错的时候，我们做父母的也不要随便批评她们，在善用赞美，这是最好的让他们认错和鼓励她们的方法。"

"原来如此。"听了同事的话后，小王认真地点了点头，以后不管乐乐做了什么事情，是对是错，她首先都会做出适当的赞美，再慢慢引导孩子认识到自己的行为。

故事中小王的女儿乐乐是个比较腼腆的女孩，这让她比较担心，带着孩子去串门，让乐乐在和朋友的交往中开朗些，这个想法挺好，收效也不错。但是，从她们

在同事家的经历来看，小王在教育孩子时也有不对的地方，比如拿自己的孩子和别人的孩子比较，或者拿自己孩子开玩笑，这些在大人看来都是无伤大雅的小事儿，但是对孩子来说就不一样了，她们会认为这是父母对自己的评价，父母认为自己不如别人等等。女孩遇到这种事情受到的意外"伤害"更重，这不但会影响她们的情绪，还会让她们对伙伴产生不良的印象、甚至是愤恨之情，进而损害她们之间的友谊。因此，父母应注意根据女孩的心理特点，进行有的放矢的家庭教育，具体来说，可以从以下两点入手。

1. 女孩内心敏感，即使是做了错事，也要注意批评方式

女孩的内心比男孩敏感得多，她们对批评、斥责的承受能力也比男孩低一些，因此，在女孩做错事情时，父母应注意采取合适的教育方式对待。如果是一些无关紧要的小事，大可不予理会，给女孩一个比较宽松的成长空间；如果女孩犯了一些比较严重的错误，父母是一定要批评的，但是不宜劈头盖脸风暴似地责骂，应以严肃的语气告诉她"事情做错了，爸爸妈妈很生气！"并告诉她错在哪里，然后接受一定的惩罚即可。

2. 女孩做事情比较慢也比较细致，对她们要有耐心

女孩的心一般都比较细腻，做事情也比较慢，在成绩、做事等方面就很少有立竿见影式的提高，所以，当父母对女孩提出改正的意见，或者指导她学习、做事情时要有耐心，当她取得一点点进步时就要及时地予以表扬，以增强其信心。

细节 14：女儿的情商培养，父亲不能缺席

小薇是一名初中生，学校要开一个小型的家长坐谈会，主题是《父亲与孩子》，放学之前，班主任就来到教室郑重地对大家说："一定要请你们的爸爸明天来学校一趟哦。"

同学们大声答应了下来，可小薇却低头不语，因为她不敢肯定她爸爸有没有时间参加学校的活动。

放学回家后，小薇等了很久，天都黑透了，才见爸爸无精打采地回到了家。

第二章　男孩、女孩性别不同，父母的培养方式也不同

"小薇吃饭了没，吃完饭就赶紧写作业去吧。"爸爸冲她笑了一下，而后转过身对正在忙碌的妈妈说道："老婆，我去洗把脸，赶紧把饭盛好，饿死我了。"

"行，小薇好像有事要和你说。"妈妈提醒他，可他摆摆手却说："有什么话呆会儿再说。"

"爸爸，你明天有时间吗？"小薇却追在他身后问。

"明天？没时间，怎么了？小薇想和爸爸一起玩吗？改天吧。"

"不是玩。"

"那是怎么了？"

"学校要开家长会，让爸爸们都参加。"小薇轻声说道。

爸爸皱眉想了一下，便对她说："让你妈妈代表爸爸去，下次爸爸一定参加，好不好？"

小薇低着头不说话，她也不知道这样好不好，只好把目光投向了妈妈，妈妈抱歉地看着她，轻声说："妈妈会向你们老师解释的，好吗？"

"嗯。谢谢妈妈。"小薇虽然脸上挂着笑，但内心却升起一股落寞，低着头回到了自己的房间。

"女儿听话"这是许多父母的感受，与男孩子比起来，女孩一般都比较守规矩，听父母的安排，有些事儿即使有不同的想法也很少固执己见，父母感到欣慰的同时，也常常忽略的孩子的心理需求，尤其是"多和父亲在一起"的愿望。对于父亲来说，为了养家糊口，他要早出晚归地工作，心思和精力都放到了事业上，认为女儿由妻子教育就好，自己就不用过多多地操心了。结果就会出现上边故事中的情况，父亲在无意中冷落了孩子，对她的情绪是个不小的影响，严重者还有可能出现小薇妈妈说的，女孩出现情感问题甚至误入歧途。所以说，父爱，对女孩来说并不是一句空话，也不是物质条件可以弥补的，是需要父亲能够真正重视她，关心她的内心世界才行。

生活中，父亲可以从以下三个方面加强对女儿的关注和呵护。

1. 多和女儿交流

小薇爸爸的在这方面做的就不够，因为女孩的心思细腻，容易出现"闷葫芦"的情况，父亲就应抽空多和女儿聊天、交流，及时了解她的内心想法，最好的方式是和女儿交朋友，以朋友的视角看待女儿的思维和行为，在尽力了解的同时，消除

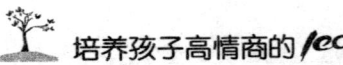培养孩子高情商的100个细节

双方之间的误会隔阂，让孩子能对自己知无不言言无不尽，在这种情况下，父亲给女儿的建议才会获得更好的收效。

2. 照顾到女儿的情绪，多陪她参加家庭或学校的活动

父亲的工作大都比较忙，但是为了女儿的健康成长，还是尽量抽出一定的时间陪她，尤其是孩子的一些集体活动，当需要家长参加时应尽量参与，以实际行动让女儿感受到浓浓的父爱。

3. 女孩比较听父母的话，但也要让她学会独立思考

在家庭教育中，父亲还有一个重要的任务，就是让女儿正确认识男性，了解男性的社会角色和作用，并学到一些必须的"本领"。比如，独立思考、自立自强等品质，更适合女孩从父亲身上学到。对于女孩来说，仅仅听话、懂事儿、学习好是远远不够的，她还要在生活中学会思考，要对身边的事情有独立的判断和自己的观点，相信自己、依靠自己做事等，这样更有利于女孩日后的健康成长，而这些内容，显然父亲在日常生活中进行传授效果会更好。

第三章

性格不同,情商教育的方式也不一样

俗话说:龙生九子各有不同。不同的孩子也有不同的性格特点和情感心理,因此,在生活中,家长对他们的情感教育的方式就要做出相应的改变,在了解孩子的个性特点后帮助其培养情商。本章对叛逆性强的孩子、外向的孩子、内向的孩子、急性子孩子、乖巧的孩子等几种有代表性的孩子性格一一作了分析,并提出了相应的情商教育方案。

第三章 性格不同，情商教育的方式也不一样

 **细节15：如何对性格叛逆的孩子进行情商教育**

小英的儿子今年10岁，别看年纪小，却已经进入了叛逆期，不管父母让他做什么，他都左耳进右耳出，就是不听大人的话。

"儿子，把你的作业本收拾一下，扔的满屋子都是，踩到了怎么办。"儿子写作业喜欢抱着作业本趴在地上写，小英说了很多次都改不了他这个习惯，索性由着他去了，可写完作业他不爱收拾，这可真让人头疼。

这不，小英刚在客厅里走了两步，就差点踩到了儿子的数学作业本。

可儿子却满不在乎地回答道："不收，我一会儿还要用呢。"

"用的时候再拿出来啊，现在放在这里，给你踩脏了你又要喊叫了。"小英见儿子不动，只好叹着气弯下腰自己帮他捡起来放在桌上。

可半个小时还没过，小英再回到客厅时，地板上又摆满了各种各样的课本和作业本。小英顿时皱起了眉头，对儿子说："怎么又摆了一地，赶快收拾好。"

"不要，就放在那。"

儿子不想收拾，小英就板着脸说道："再不收拾，妈妈给你扔了！"

"随你便，扔了我正好让爸爸给我买新的去。"

"你这个样子，爸爸不会帮你买的。"

"为什么？爸爸最疼我了。"

"你这么不爱惜东西，爸爸才不疼你呢。"

"为什么不疼我？不疼我我更不收拾了，就不收拾，哼！"

"你这孩子怎么不听话呢，妈妈错了，妈妈和爸爸都疼你，乖乖去收拾好不好？"

"不去，我喜欢这样摆着。"

"再不去妈妈打你了！"

"就不去！"

小英见儿子软硬不吃，真的生气了，举手巴掌啪啪打在他屁股上，儿子这才抹着泪把东西收拾干净了。小英本以为有了这次教训，儿子以后会乖乖把自己的东西收好，谁知道他竟然还是我行我素，而且还变本加厉，更加不听话了。

儿童心理学家曾做过专门的研究，发现孩子叛逆的本质是反抗，即对父母等外

来的压力、管束的一种反抗，有这种意识的孩子在成年后大都有"独立性强、有主见、能独当一面"的优点，即他们对别人的说法、行为不会盲从，而更倾向于通过自己的思考做出判断。正是因此，在欧美等国家，家长们都很重视孩子的叛逆期，当孩子的观点和做法和他们的要求不一样时，即使是不完善的，他们也都很高兴，把这视为孩子逐渐长大的一个标志。对于我们中国父母来说，面对孩子的叛逆，具体该如何做呢？

1. 允许孩子说"不"，但不允许他任性

在生活中，家长可以尝试着给孩子一些说"不"的机会，给他一小片自己的天地，让他自己做主，在这里家长的话只是他的参考是可以否决的。当孩子有了一部分自主后，对家长的逆反心理就会降低很多，尝试了自己做主去做事一段时间后，他就会以更为客观的角度看待父母的管教，也更容易理解父母的苦心，利于其情商的培养。

2. 以平等的角度看孩子

在家中，当孩子出现叛逆的苗头时，家长往往比较担忧，常采取压制的方式去处理，以避免其叛逆性更强，却没想到，越压制孩子的反弹性越大，最后导致家里经常出现争执、打骂，更不利于孩子的情商的健康成长。为了避免这种亲子冲突情况的出现，家长可以考虑改变下自己的家教方式，即将孩子视为家庭总的一员，而不是单纯的孩子，比如在商量家的事情时，也听听孩子的意见，以实际行动让孩子体会到父母对他的尊重，这让孩子更有成就感，也更容易得到孩子的认可。

 细节16：怎样对内向的孩子进行情商教育

今天傍晚，李先生家来了位特别的访客——儿子学校的班主任冯老师。

"冯老师快坐，请喝茶。"李先生把冯老师请到了客厅，泡好一壶茶后，坐到冯老师旁边有些不安地问："是不是我儿子在学校犯错误了？老师您受累了，要是我儿子有什么不对的地方，您多担待。"

"不是，小文是个很好的孩子，安静又温顺，而且学习成功也不错，说实话，老师们最喜欢这样的学生了。"

"那……冯老师今天来……"李先生脸上挂着笑，心里却忐忑不安。不是犯了

错，那会是什么事，能让老师亲自登门呢？恐怕不是小事情。"

冯老师赶紧打消他的疑虑，笑着回答道："李先生别紧张，我们做老师的，只是想多了解一下学生的情况，其实，也不是什么大事，只是……"

"老师您说，我听着呢。"李先生听着老师的话，心里一惊。看来儿子在学校还是发生了什么事情。

"他还是挺受学生和老师们的喜爱的，只不过平时有些内向，班级活动从来不积极参加，让我们挺头疼的，总觉得这孩子有点缺乏上进心。所以我这次来，就是想问问李先生，小文在家里是不是也这个样子呢？咱们家庭、学校是不是应该联手，想一个解决之道，培养一下他的情商呢。"

"冯老师，不瞒您说，我儿子确实有点内向，不过他很乖的，不会出问题的。"李先生听完老师的话后，悬着的一颗心这才放了下来，原来是这方面的问题啊，他不觉得儿子有什么不好，内向的孩子只要教育的好，一样能成才嘛。

所以他对老师说："只要老师们多给他一些锻炼的机会，我相信他会健康成长起来的。"

"关键就是，他不接受我们给的机会啊。"冯老师哭笑不得地说道。

"这个……还真是一个难题。"李先生也不知道该怎么回答老师的问题。这么一想的话，儿子确实是存在一些问题。内向、不上进，这可怎么办是好呢？

在不少家长眼里，孩子只要不是特别内向，就不用担心，"天生我材必有用"，只要成绩好只要努力，内向些也能获得成功的。道理是这样的，但是现实生活中，均衡性格和外向的孩子成功的几率要大于内向的孩子，这是因为内向孩子遇到问题更倾向于自己钻研，即使解决不了也常常闷在心里；遇到不顺心的事情也很少和朋友家人倾诉，这就十分不利于其情商的发展。久而久之，当孩子习惯于一个人独来独往，单打独斗时，在讲求团队精神的社会中，就会显得比较另类，这既不利于他事业的发展，也会给他的心里带来压力。因此，儿童教育专家认为，虽然很难改变孩子的性格，但是家长可以采取适当的措施帮孩子将自己的"短板"弥补上，从而利于其性情的均衡发展。

1. 关心孩子的心理动向，鼓励孩子多说话

内向孩子的一个最大的共同点就是不爱说话，喜欢自己一个人默默的看书，或者沉浸在自己的世界中去画画、玩游戏。这类孩子大都善于思考，勤于动脑，但拙于表达，这就会让孩子产生"不如别人会说话"的自卑感，也就更愿意沉默，进而形成恶性循环。对此，家长应双管齐下，改变孩子这种状态：一是肯定孩子善于思考的优点，多表扬他；二是鼓励孩子把自己的想法说出来，说的不好没关系，只要大胆说就行，帮孩子克服心理障碍后，多和孩子交流，掌握他的心理动向，以避免出现倒退回"闷葫芦"的情况。

2. 多给孩子玩耍的时间，让孩子多交朋友

内向的孩子常常一个人做事，不像其他同龄孩子似的，整天三五成群去玩耍，这其中的一个重要原因就是孩子也想玩，也喜欢玩，但是他不知道该如何和朋友相处，或者是因为性格因素而在群体中显得比较木讷。对于这种情况，家长应鼓励孩子多交朋友，大胆交友，并多给孩子一些空闲时间让他去玩耍，同时，家长还可以告诉孩子一些交友的小技巧，如把自己喜欢的东西和朋友分享，肯定朋友的长处，多为朋友着想等等。相信一段时间以后，孩子就会和朋友相处的很愉快，性情也会更开朗些。

 细节17：外向孩子的情商如何培养

董先生的儿子是个外向活泼的孩子，每天都是一副开开心心的模样，不管去哪，总是说个不停，也不管对方想不想听、爱不爱听。

"妈妈，妈妈，你听我说，今天我和楼下的虎子一块踢球，我啊……"儿子一身滚了一身的泥巴回到家，进门就冲进厨房想和妈妈聊天，但妈妈正忙着做饭，摆摆手不耐烦地对他说："去去去，赶紧把这脏手脏脸洗一洗，然后找爸爸说去。"

"哦。"儿子像只活泼的小鹿一样，蹦蹦跳跳进了洗手间，把手脸洗得白白净净后，找到了沙发上正在看报纸的董先生，抱住他的腿滚到沙发上对他说："爸爸，你听我说，虎子真是笨死了，我让他传球，他竟然被球给绊倒了，哈哈……逗死我了。还有啊……"

"哎呀你这个脏孩子，衣服没换怎么就爬到沙发上了，看都弄脏了，快去换衣服。"董先生看着沾上泥巴的沙发皱起了眉。

儿子小嘴撇了撇，耷拉着脑袋去找干净衣服了。换好衣服从房间出来时，妈妈已经做好了饭菜，董先生冲他喊道："儿子，快过来吃饭，刚才你说什么来着？快给爸爸妈妈讲讲。"

"就是，我儿子是不是又出尽了风头？"妈妈也笑着向他招手，把他叫到了饭桌旁边。

而此时，儿子早已经没有了刚才的热情，脑子转了转，却不知道从什么地方讲起了，好像讲什么都挺无聊的，干脆耸耸肩说道："忘了。"

活泼外向的孩子总是会受到人们的欢迎，这是因为这样的孩子总能把笑声和欢乐带给大家，生活中遇到些难事儿也不会一直郁郁不乐，这种阳光、快乐的孩子的情商本来就是比较高，以后也更容易成为人才。但是，他们也是有缺点的，比如不爱思考更喜欢在人前表现自己，一不注意，就会成为"话唠"，或者变成没心没肺的大大咧咧，容易冲动，做出草率的行为。如果家长教育不当，还会打击到孩子的积极性。

这种情况下，家长应该怎么办呢？教育专家认为，这样的孩子本身就有不俗的情商优势，家长只要因势利导，并适时加以点拨即可。

1. 肯定其人际交往方面的优势，但要其注意分寸

外向的孩子大都比较活泼爱动，善于交往，无论到哪里都能找到自己的朋友。但是孩子在交际上也会出现一些问题，如爱出风头、过于表现自己，不考虑别人的感受，总喜欢夸夸其谈等，家长要在表扬孩子优点的基础上，对这些问题也一一指出，帮助他找出解决的方法，以成为更受欢迎的人。

2. 通过一些小事情磨炼孩子的性情

这种性格的孩子往往思维敏捷、头脑灵活，但是做事不踏实、没有耐心。家长应在生活中给孩子分配些小工作，让其认真做好，以锻炼其耐性。如让孩子负责自己房间的卫生、让他坚持写完作业再玩游戏等等，都是不错的方法。

细节18：乖孩子的情商教育重点在哪里

晴晴是一名小学三年级的女孩子，文静、乖巧，深得大家的喜爱。不管是谁交给她做的事情，她都能完成。

上美术课的时候，老师让大家用橡皮泥做出自己最喜欢的东西。晴晴想起自己最喜欢蓝天和白云了，就取来一个画板，把画板当成天空，抹上淡淡的蓝色，然后就开始做起白云来。

"晴晴，你这是在捏什么啊，真难看。"同桌拿着一朵自己刚捏好的花瓣得意洋洋的炫耀道："看我捏的花多漂亮，你还是改捏花吧。"

"这是白云。"晴晴指着画板上一坨一坨的白色橡皮泥说道。

"什么白云啊，都快成大便了。赶紧捏别的东西吧，要不然老师都要笑话你了。"同桌嘲笑道。

"……那，我也捏花？"晴晴开始不安了，看着自己面前的"作品"，好像确实不怎么样。

"好啊，正好咱们比比谁做的最好看。"同桌高兴地拍起手来，和晴晴一起捏起花朵来。

晴晴前面的同学不小心听到了他们的对话，扭过头来对晴晴说道："哎，他说让你捏花你就捏花啊，有没有主见？笨晴晴！"

"我……"晴晴紧紧握着手里的橡皮泥，不知道到底该捏什么了。

怀着郁闷的心情，晴晴熬到了放学，赶紧背起书包小跑着回到了家。厨房里，妈妈正做着香喷喷的饭菜，见晴晴进了门，就冲着她说道："赶紧去洗手、换衣服，先做会儿作业，等爸爸回来我们就吃饭。"

"好，我知道了妈妈。"晴晴高兴地放下书包，跑进了洗手间。还是回到家里比较自在啊，她这样想着，妈妈在厨房里又发话了。

妈妈说："一会儿换上那身粉红色的衣服，我放你床上了。"

"嗯，谢谢妈妈。"果然家里才是最舒服的地方，妈妈把什么都做好了，只要按照她说的去做就行了，正高兴着，邻居王阿姨来家里借东西来了。

"晴晴真是个听话的孩子，我女儿要是有她一半好我就乐得合不拢嘴了。"王阿姨客气道。

"听话是听话，可一点主意也没有，成天让我们替她操心，穿什么衣服不知道，用什么东西不知道，哎，这孩子啊，就是太听话了。"晴晴妈十分困扰地回答道。

王阿姨一听，连忙说："和我妹妹家的孩子一样，一点自信也没有，完全不会自己拿主意。"

"就是啊，真是愁死我了。"

又是没主见。晴晴在洗手间听得一清二楚，心情比在学校的时候更沉重。到底什么是主见呢？爸爸妈妈不是一直让她做个听话的好孩子吗？现在她听话了，难道也有错？她真是搞不明白周围的人，到底是怎么想的。

家长们都希望孩子能听话，少给自己惹麻烦，还能按照自己的定下的方向走。而故事中的晴晴自然就是许多家长眼中的好孩子，甚至是模范孩子了。但是，人不是机器，不可能永远按照既定的模式成长，尤其是孩子，即使再听话，他们也是独

第三章 性格不同，情商教育的方式也不一样

立的个体，也会有自己的思维和观点，如果被家长长期压抑，不但会打击其生活的积极性，降低情商教育的效果，还会导致孩子成为没有主见、人云亦云的庸才，最后自然与家长"望子成龙"的期望背离。因此，为了孩子的全面成长，家长应采取措施，改变教育方法了、

1. 重视孩子的情感变化

家长们都有这样的感受：我家的孩子很乖很听话，让我们省心不少，他（她）的学习、生活基本不用操心。有的家长还会以此向朋友炫耀，引来一片羡慕声。其实，再乖的孩子也有自己的内心世界，虽然他们在日常生活、学习上都能遵从父母、老师的教导去做，并不等于孩子就没有自己的想法，当家长忽略了他们时，他们的心情也会低落，比如故事中的晴晴，她按照爸妈的教导去做，导致自己也没有了主见，认为这是对爸妈关心的回报，但听到妈妈的抱怨后，也会感受伤心难受，而这些家长都未必能关注到。所以，家长应多关注孩子的内心世界以及情感变化。

2. 让孩子提出自己的看法

乖巧的孩子有一个优点，就是做事认真，对家长分配的任务大都能认真的去做，这是很难得的，但是，家长应该鼓励孩子在认真做事的基础上，提出自己的想法和看法，这样有利于孩子判断力和决断力的形成。此外，还有利于亲子感情的进一步融洽，让孩子体会到父母对他的真正关爱。

3. 鼓励孩子大胆做事

当孩子在家长的鼓励下，提出了自己的观点或者做事的方法时，如果合理，家长应及时给予表扬，甚至奖励一些小礼品，以资鼓励。在鼓起孩子的自信心和勇气后，家长可趁机要求孩子按照他自己的想法去做，去大胆尝试，不要顾虑失败，让孩子通过大胆做事体会到自己做主、自己做事的快乐。

细节19：怎样对泼辣孩子进行性情教育

今天是周末，刘晓家正在大扫除，爸爸妈妈不停地摆动着房间里的桌椅板凳，好把每个角落都收拾得干干净净的。刘晓看着好玩，也跟着爸爸妈妈来回跑。

"晓晓，别乱动，小心东西砸到你。"妈妈看她对几个叠放起来的纸箱子感兴趣，赶紧提醒她，以防她被箱子砸到。

晓晓嘴一撅,说道:"妈妈,我都是8岁的大姑娘了,才不会那么笨被砸呢。"说完,就一溜小跑,去瞅其他的东西了。

"嗨,我说怎么总找不到这几块木板,原来藏在床底下啊。"爸爸浑身是灰,从卧室里兴奋地走了出来,手里还抱着几块厚实的木材板。

"当初拿回来是要做几个板凳的,一直顾不上,后来放哪都不记得了,幸好没潮没朽,应该还能用。"

"做板凳?"刘晓见过市场里卖的小木头板凳,早就想要一个了,此时来了兴趣,便跑到了爸爸身边,缠着他说道:"爸爸,你现在就帮我做个板凳吧。"

"现在正在打扫房间,爸爸没时间,等打扫完了,爸爸再帮你做吧。"爸爸和蔼可亲地对她说道。

但刘晓却不接受这样的理由,她向来喜欢说风就是雨,既然说了让爸爸做板凳,怎么能不做呢!所以不管爸爸是不是要打扫房间,她马上要起泼来,又是缠又是闹,就是不让爸爸好好干活。

不仅如此,当爸爸实在是磨不过她,匆匆拼制出一个小板凳时,她看看不是市场上自己看中的那种板凳,小嘴马上撅了起来,叉腰对爸爸吼道:"爸爸坏蛋,不给我做板凳。"

"这不是做了?"爸爸无奈地苦笑着指着旁边的小木凳。

"不是这种。我要的不是这种!"她不依不饶地吵闹着。

妈妈见状,叹口气说道:"真是个泼辣的小姑娘,这么一大堆活儿等着爸爸做呢,你就不能安静点?"

"不能!"刘晓叉着腰,鼓着腮回答道:"爸爸不给我做好板凳,我就不让他帮妈妈干活。"妈妈无力地摇摇头,这孩子真是越来越泼辣不讲理了。

这样的孩子之所以有这些泼辣,性格因素只是一方面,更重要的是家庭教育的不当。有的家庭中,父母或者其中一方的性格和作风比较强势,无论是在家还是在社会上,都能占据优势,自己的孩子往往也会有意模仿家长的这些"英雄风格",结果导致自己成为"小霸王"。还有的家庭中,父母间经常争执,给孩子的直接影响就是也喜欢和人争东西,一逞口舌之能。另外,生活中,当家长比较宠溺孩子时,孩子往往容易出现这种骄横、不理会他人感受的作风。因此,为了改变孩子喜欢争执、做人泼辣的作风,家长可从以下两个角度入手进行教育。

1. 给孩子立规矩

家长应教孩子懂规矩,守纪律,待人以和为贵,不能凭借自己的身体、年龄等优势欺负别人，并让他明白这种行为是可耻的，真正有本事的人是不用仗势欺人的。在讲这些道理时，家长可以和孩子一起结合他日常遇到的事情，分析他以往的做法是否正确，原因是什么，让孩子不仅知其然还要知其所以然。

2. 制止孩子的无理搅三分的习惯

当孩子形成泼辣的习惯后，在遇到自己不占理的情况下，往往也会强词夺理，甚至大哭大闹，就是要达到自己的目的才肯罢休。这时，家长就要及时制止孩子，哪怕是用大声呵斥、适当的体罚等强硬的手段也要中止他的无理取闹。在孩子平静下来后，家长再和他心平气和地讲道理，让他知道自己错在哪里，并让他明白这样的人生道理：在社会上，自己不讲理，为所欲为是要碰的头破血流的，是不会赢得周围人的认可和尊敬的。

细节20：慢性子孩子的情商教育如何入手

贝贝是个慢性子，一分钟能做完的事儿，他磨磨蹭蹭能做10分钟。这天也是，妈妈让他帮忙收下衣服，并叠好。几分钟过去了，妈妈竟然发现他还在和晾衣架做斗争，想要把衣服从衣架上拽下来。

"这么点事儿，怎么还没做完，哎，算了，我自己来吧。"妈妈摇着头，对儿子真是越来越不抱希望了。

"怎么就像个乌龟一样，比乌龟还慢。"妈妈小声嘟囔了一句，贝贝还立在旁边，听到妈妈的话后，缩了缩脖子没说话。还真挺像只乌龟的。

周五下午，学校有一场足球比赛，贝贝是足球部的成员，所以也邀请了妈妈一块去看比赛，妈妈很高兴儿子还有一个特长，打扮了一下，就跟儿子一块去了学校。

不过可惜的是，儿子只是替补队员，始终没有出场的机会，反倒是围着操场不停的转，替队员们捡回跑出界的球。还没碰到球，自己反倒是被绊了下，摔倒在地上。

有队员看不过，追了过来，对着他道："哎，慢乌龟，连个球都捡不回来，我都替你着急。"

妈妈在球场外看着，心里更急，对着旁边一位母亲抱怨道："这孩子，怎么捡球也这么慢呢。"

"反应比较慢吧,其实也没那么严重,我看你儿子也挺卖力的。"旁边的母亲安慰她道。

她摇摇头,开始诉苦说:"你不知道,这孩子快愁死我了,交给他一个小活儿,都能磨蹭半天,急死人了。"

在贝贝妈眼里,自己的孩子真是做事永远都不紧不慢,磨磨蹭蹭的,让人看着都心里着急,真是个慢性子!其实,贝贝不仅仅是慢性子,他还有比较严重的拖拉、拖延的毛病,只不过是后者被前者遮挡了,不容易发现而已。当这两者结合后,它们对孩子的学习、生活能产生严重的迟误,导致学习效率低下、成绩不理想,生活中也常常受到父母的批评,会逐渐对孩子的心理和情绪产生不可忽视的负面影响,甚至让孩子产生"唉,我天生就是这么慢,没办法""干什么都不如别人,就这么凑合着吧"等消极情绪,不利于其以后的发展。

对于这类孩子,家长需要做的,不仅仅是为其性子"加速",还要改变其做事拖拉的坏习惯,具体来说,家长可以从以下三个方面入手,帮孩子改变这种状况。

1. 教给孩子做事的方法

在生活中,家长要教给孩子做事的技巧,让他们不至于做什么都一头雾水,都像无头苍蝇似的乱撞。另外,在孩子掌握了一些方法,亲身体会到了提高效率带来的成就感后,就会增加这方面的自信和心理需求,有利于其进一步改变现状。

2. 让孩子养成良好的生活习惯

现在的家长往往重视孩子的生活条件是否优越,对孩子的生活习惯却有所疏忽,常认为现在孩子还小,严格的、规律的生活会让孩子感到枯燥,压抑其天性,等长大些再要求也不晚。但是,生活习惯不但影响着孩子的身体健康,还对他做事、学习有着不可小觑的影响。

正如在军队中,新兵的第一堂课就是训练队列和内勤一样,从这点点滴滴中形成规律做事的习惯,想必即使性子再慢的孩子也能取得令家长满意的成绩来。

3. 不能过多地批评孩子

处在小学、中学阶段的孩子,他们正在学习如何做人、如何处世、如何学习知识等,可以说,他们所面对的一切都是需要学习的,在这个广义的"不断学习、不断尝试"的范围下,孩子出现一些问题是很正常的,家长需要以发展的眼光看待孩子的成长，用平常心看待孩子的错误和不足，应以温和的劝导为主，训诫其次，不宜对其过多的批评，以免对其心理和情绪产生负面影响。

 **细节21：怎样让急脾气孩子"修身养性"**

欢欢是个雷厉风行的女孩子，这本是件好事，但太过分，就有点让人受不了了。

五一黄金周，欢欢一家决定去外省旅游，一家人提前一周就开始做准备了。虽然做足了准备，但当天早上要出发的时候，还是状况不断，一会儿是发现提包的拉手有些不结实，妈妈拿出针线补了补，一会儿又是爸爸想上厕所，跑进了厕所，欢欢一会儿出门，一会儿进门，急得不得了。

"爸爸、妈妈，你们好了没有，快点出门啊。"欢欢催促道。

"宝贝别急，咱们的时间很充裕的，不会错过飞机。"爸爸洗了洗手从洗手间走了出来，甩着手上的水珠，向妈妈看了过去，问："老婆，我觉得还是别带那么多吃的了，反正路上有卖东西的，想吃什么了再买，要不然，怪沉的。"

"也没带多少，要不然去点？"妈妈比较谨慎，怕大家在路上饿了一时买不到吃的，就带了大包小包的零食，虽然不是太沉，但对于轻装旅行来说，还是有些累赘。

"妈妈！快点行不行？"欢欢听爸爸妈妈竟然又商量起了零食的问题，心里这个急啊，恨不得上前一手一个，把爸爸妈妈拎走。

想到就要做到！这是急脾气孩子的一个共同特点。在这些孩子的眼中，他们把要做的事情都想当然地简化到了"极致"，只要快速做就能提前完成，只要想要的东西，总会很快就得到。孩子之所以有这种天真的想法，有两方面的原因：一是孩子正处在孩童期，他们对事物的认识还很浅，而且又有只看重结果不重过程的特点，自然认为越快得到越好；二是家长在日常生活中，对孩子的要求过于重视，常常尽可能地尽快满足他，结果时间一长，让孩子产生"我想要的父母都能马上送来，在社会上我也能实现同样的要求"。因此，为了及早改变孩子的这种不良作风，让他的性子"慢下来"，家长可采取以下三个办法对其进行教育。

1. 让孩子明白做任何事情都有一个过程，不能操之过急

在生活中，家长可以利用身边的每一个机会，让孩子明白"做事情都有一个过程"，随着给孩子讲述、分析的事例的增加，孩子会慢慢认识到"凡事不可急于求

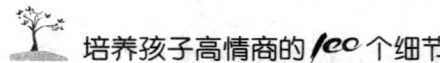

成"的道理。在对这些事情的分析时，家长也可趁机告诉孩子，这种事情应该如何做，初步了解做事的方法和门道。

2. 让孩子学会认真做事，自然就会"慢下来"

在上面的方法的基础上，家长可以给孩子安排一些事情，让他亲自动手去做，亲身体会做事情的感受，既能加深他对家长教授的做事方法的理解，也能让他在做事过程中，发现"原来我以前认为的慢，其实并不慢呢"。当孩子在遇到难题时，家长应及时给予指点，让他体会这种化解难题后的成功快乐，并明白"过程也是一种享受"，淡化其急躁的性格，提升情商水平。

3. 结合孩子的喜好，对其进行耐性训练

这一个黄金周，爸爸妈妈的耳朵都要被欢欢催聋了，他们觉得这样不行，对女儿的成长很不利，于是一回家就开始商量如何改变女儿的急性子，培养她的情商。

"我听说，可以安排一些耐性训练，强制她，把性子改过来。"妈妈记得在哪本教子杂志上，看到过相关方面的经验介绍。

爸爸发愁道："那你觉得，什么样的训练对咱们女儿有效呢？跑步？打桩？女儿的体力不行吧。"

"嘿嘿……"妈妈眼珠一转，想了个馊主意，"欢欢不是最喜欢看动画片吗？"

"嗯，每天雷打不动，非得看上一个小时才行。"爸爸点头。

"那咱们就要求她没看完一集动画片，就要先回忆一遍这集的剧情，给我们讲讲，然后再看下一集，你看怎么样？"

"我看……行！"爸爸觉得这个方法真的很有意思，没准能有效果，便点头答应了下来。

在对孩子进行教育时，家长还可以以孩子的爱好、兴趣为基点，开发出独具特色的"慢性子"训练。故事中欢欢爸妈的方法就值得借鉴，他们将孩子的兴趣和记忆力、表达力训练结合起来，还能有效缓解欢欢长期看电视对眼睛的伤害，取得了一举多得的效果。

第四章

让孩子认识自我、接受自我的8个细节

孩子的自我认识是他进行自我教育的基础,也是其形成自信、乐观、坚强等良好品质的基础,更是情商教育的前提,因此,帮助孩子正确认识自己、评价自己,并使他学会自我激励、自我纠正,是家长不可忽视的责任。但是,需要注意的是,由于年龄的限制,让孩子能够正确认识自我,明白自己和他人的真正区别,这也是需要一个过程的,家长不可急于求成。本章介绍了帮助孩子认识和接受自我的8个细节,希望对家长有所帮助。

第四章 让孩子认识自我、接受自我的8个细节

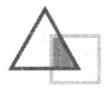 **细节22：父母怎样帮助孩子认识自我**

亮亮所在的市区要举行一场多个初中参与的运动会，亮亮有幸代表自己的中学，参加这一次比赛。

"儿子，你觉得你能不能获胜？"爸爸知道这一消息后，高兴地看着亮亮，想看看他有没有自信在运动会上取得好成绩。

儿子马上点点头，但回答却没让爸爸满意。

亮亮说："我们的教练可是最棒的，全国性比赛都参加过，这点小比赛，都不看在眼里。"

爸爸一听，眉头不由得皱了起来，便问："你能不能赢，和你们教练得没得过奖有什么关系？"

"可是，我们有最优秀的运动员，全都获过奖，肯定输不了。"亮亮又回答。

"他们获过奖，你也就能获奖了？"爸爸觉得儿子的回答真的很有问题，这算是什么答案？根本就是答非所问、驴唇不对马嘴嘛。

"爸爸你怎么能这么说。"儿子不高兴了，嘴一撇，虎着脸说道："我们教练都说了，这次我们肯定能轻松的赢得比赛的。"

爸爸听了这样的回答，连连叹气，儿子到底有没有听清楚他的问题？于是他提高了音量，再次问道："儿子，爸爸是在问你，你自己，有没有获得胜利的自信。"

"我？"亮亮吃惊地抬起头来，很理所当然地回答道："有队友们在，我们当然能获胜。"

又是我们！爸爸真的很无奈，看来，儿子还是没理解他的意思。

亮亮的话代表了小学、初中阶段孩子的一个共性：我们集体都很棒，那我也很棒，我的朋友是个活泼的人，我也是这种性格嘛！这让家长往往很迷惑，自己的孩子怎么连自己有什么能力，能做什么事情都不清楚呢？这怎么能取得好的成绩呢？儿童教育专家认为，孩子之所以有这样的"奇怪"念头，是因为他们处在心智发育期，对自己和别人、自己的事情和其他事情往往会混淆，看到和自己亲近的人的优点、能力，就会产生一种心理暗示作用，就想当然地以为自己也是这样的。

孩子的自我认识是他进行自我教育的基础，也是其自信、乐观、坚强等良好品

质的基础，更是情商教育的前提，因此，帮助孩子正确认识自己、评价自己，并能自我激励自我纠正，是家长不可忽视的责任。但是，需要注意的是，由于年龄的限制，让孩子能够正确认识自我，明白自己和他人的真正区别，这也是需要一个过程的，家长不可急于求成。

1. 通过周围人的评价帮助孩子认识自己

后来，在和同事聊天的时候，亮亮爸把这件事当做笑话讲给同事听，同事听完后，托着下巴小声说道："他是不是有些缺乏自我意识？"

"自我意识？"亮亮爸充满疑惑地看向同事，同事笑道："就是没有充分认识到自己的存在和价值，对自己并不了解，没有一定的认知。"

"自己都不了解自己？"

"这很正常，就算是我们成年人，也不敢保证百分百了解自己啊。"

"这倒也是。可是亮亮现在这样……也不太好吧。"

"的确不太好，你得想想办法，慢慢地让他认识自我。"同事认真地对他说。

但亮亮爸却一头雾水，不知道该如何引导儿子认识自己，看同事似乎懂点教子知识，他便虚心求问："那该怎么做才好呢？"

"其实挺简单的，最直接的方法，就是让亮亮身边的人，多对他做比较精准、正面的评价。通过别人对他的评价，相信他一定会对自己有一个初步的认识，接下来，就得靠他自己了，通过不断的自我总结和升华，逐渐认清自己。"同事告诉他，他边听边点头，决定回家之后，就这样试一试。

亮亮爸同事的建议很有道理：既然孩子对自己不了解，对别人反而了解的更清楚，那就让他周围的人多讲讲对亮亮的认识，对他进行"评头论足"，别人的话反而会加深他的注意力，并促使他对自己"多加研究"。

2. 让孩子通过"我会怎么办""我能做什么"等给自己提问

在家庭中，家长还可以引导孩子开动脑筋，经常自问自答，在自我的互动中增加对自己的认识。比如，父母和孩子一起做事情时，可以给孩子说"这件事情你能做好吗？为什么认为自己能（不能）做好呢？""你知道自己有哪些优点吗？他们能达到什么程度呢？"这种提醒式的启发有助于孩子增加对自身的关注，有助于其多思考自身的和别人的区别，降低别人对自己的影响程度。

细节23：让孩子明白：自己的镜子就是自己

苗田亮是个聪明的男孩子，但是最近却整天和一群贪玩的孩子腻在一起，不是上课捣乱，就是一起逃课出去玩。

这次期中考试苗田亮有多门成绩不及格，老师终于找到家里来，对亮亮爸说："苗田亮是个好学生，但只是接受学校的教育是不够的，家长也应该多关心关心孩子，一起想办法让他成才。"

亮亮爸连连点头，送走老师后，就风风火火地把儿子找了回来，劈头就是一顿训，苗田亮委屈地跑回了自己的房间，他觉得自己这样没有错。

这时候，亮亮爸的好兄弟王先生来他家作客，听了亮亮爸的唠叨，拍着他的肩膀哈哈大笑着数落起他来。

"老师让你关心孩子，你可倒好，二话不说就把孩子骂了，他能听你的才怪。"

"那该怎么办？你是知道我的，不会教孩子。"亮亮爸无奈地说道。

"我来教教你。"王先生说着，就走到了苗田亮的房门口，轻轻敲了敲关闭的房门，说道：

"亮亮，王叔叔来看你了，把门开开，看叔叔给你带什么好东西了。"

"……"房间里先是安静了一会儿，大约一分钟后，里面传来了脚步声，随即房门吱呀一声打开了，"王叔叔好。"苗田亮很乖地打了声招呼。

王先生摸摸他的头，笑道："怎么了？听说你最近经常逃课出去玩？功课全挂啦！"

"也没全挂……"苗田亮扭捏地低下了头，小声说："也就两三科。"

"两三科还不严重啊，你这样下去，大家会为你的前途担忧的。"

"不怕啊，大家不都是跑出去玩，然后不及格的吗？"苗田亮一副理所当然的样子，抬起了头。

王先生沉默了一会儿，随后对他说："你现在这个样子，让我想起了一个名人的故事。"

"名人？谁啊？"亮亮一下来了精神，原来考试不及格，还能成为名人啊。

"爱因斯坦！"

"啊?他也考试不及格过?"亮亮更感兴趣了,偷偷望了眼爸爸,问道:"那他也被爸爸训了吗?"

"嗯,爱因斯坦因为整天贪玩,功课都不及格了,他对爸爸说,其他人也这样,让爸爸不要担心,但爸爸却给他讲了一个道理。"

王先生笑着道:"不要拿别人当自己的镜子,自己才是自己的镜子。而你现在,就是在拿别人当镜子,他们贪玩没有问题,于是你也觉得没有问题了,但事实呢?你觉得总挂科对你来说是件好事吗?你自己的镜子里,到底映出的是什么呢?"

"我……"苗田亮低下了头,其实他也很担心自己现在的状况,只是一直以来,没有人点醒他罢了,现在听了王叔叔的话,他顿时醒悟,十分羞愧地对爸爸说道:"爸爸,我以后再也不逃课了,我会认真学习,学一身本领,不让你和妈妈担心的。"

爸爸又惊又喜,没想到,除了打骂,讲道理更容易教育孩子。

王先生对苗田亮说的话可以归结为一句,即除了你自己外,谁都不是为你的镜子,拿别人对照自己,是一件很愚蠢的事情。而苗田亮一点就透,在明白道理后,能够及时向父母认错,可见他是个既聪明又有自我反省能力的孩子。

通过这个故事,我们可以看出,孩子其实都不笨,之所以在成绩、生活等方面令父母失望,主要因为一是往往无意中将别人当成自己的镜子,辨别能力较弱;二是年龄小、自我控制能力较差,在朋友的影响下,容易随大流,跟着大伙走而不管是否适合自己;三是家长的教育不得法,没有真正了解孩子的心理特点,一发现孩子出现错误,就劈头盖脸一顿训,自己的气是出了,可孩子的问题并没有得到真正的解决。因此,家长可采取以下方式对孩子进行教育。

1. 多用孩子敬仰的名人故事、名人名言启发孩子

孩子大多都有自己喜欢的英雄人物,也较喜欢模仿他们的行为和做法,这正是家长对其进行行为纠正和情商教育的最佳切入点。用这些伟人名人的实际故事教育孩子,既能让他听得进去,不产生反感心理,还能激励他有意识地模仿偶像的行为,而名人名言大都通俗易懂、言简意赅,利于孩子的理解,一旦记住,并成为自己的座右铭后,能让孩子有较强的自我约束和强化的效果。

2. 教孩子认识自己的优缺点时,把目光放在自己身上

就像故事中的白猫黑猫一样,孩子往往会看到别人的缺点而忽视自己存在的问题,因此,家长可适当提醒孩子在认识自己时,应把关注的目光放到自己的身上,即多看别人的优点、多看自己的缺点,这样更利于孩子正确了解自己。

3. 家长可以用"照镜子"的方法经常提醒孩子

对于家长来说，不应在发现孩子出了一堆问题后，再正式、严厉地训斥孩子，这样做的效果并不理想。而应化整为零，在日常生活总以"润物细无声"的方式提醒孩子正确认识自己，一个较好的方法就是家长有意多照照镜子，说"哎呀，我才发现自己也有白头发了""原来我的身材也不标准嘛"，让孩子也来照照镜子评评自己，这种方式经常使用，故稍微语言提醒下还自己即可，以免其感到厌烦。

细节24：预防孩子变得以自我为中心

春节的时候，豆豆家来了一大群亲戚，有豆豆认识的，更多的则是豆豆从没见过的。

"豆豆真是个可爱的孩子，豆豆今年几岁了？"有位阿姨问她，她却不回答阿姨的问题，挺直腰板，洋洋得意地说道："我是最漂亮的人。"

"对，对，豆豆最漂亮了。"阿姨愣了一下，笑着夸奖道。

这时候，亲戚家的小女孩走了过去，也说道："我也漂亮。"

"我得的压岁钱最多。"豆豆不甘示弱地回答道。

"我也多。"小女孩挺起胸脯看向她，她嘴一撇，突然看到了爸爸，指着爸爸喊道："我爸爸是局长，管着所有人！"

"我……我爸爸……爸爸……哇……"小女孩不知道该怎么回答了，哇的一声哭了起来。

大人们听到这边的动静，纷纷围了过来，当听到来龙去脉后，豆豆爸板着脸对豆豆说："豆豆，你怎么能欺负妹妹呢。再说了，爸爸现在是局长，万一哪天不当局长了，该怎么办？你太自以为是了。"

"……"豆豆撇撇嘴，感觉有些委屈，怨恨的瞪了小女孩一眼，小女孩吓得呜呜又哭了两声。

豆豆的表现正像故事中的骡子一样，以自我为中心，自顾盯着自己的利益，既看不起别人也不愿意帮助别人。总认为自己是对的而别人都是错误的，当自己的要求得不到满足时，就会认为"世界真不公平"的想法，导致自己经常有焦躁、不安和愤恨的情绪出现。

这样的孩子一般都不太合群，不会和同伴融洽相处，而争执、对骂甚至打架则经常发生，如果不及时纠正孩子的这种不良心理，就会出现同伴越来越少，而长期缺少同龄人之间的交流时，孩子在社会性方面的能力就会下降，甚至出现障碍，产生社交恐惧症，更遑论培养他良好的情商了。对此，家长可采取以下三种方法化解孩子的"唯我独尊"的心理。

1. 对孩子的错误要以说理、教育为主，批评惩罚为辅

当孩子出现自我中心的情况时，家长一味的压制、严厉批评往往不能解决根本问题，相反还会激起其反抗心理。这时，家长应在公正处理当下的事情后，多对孩子进行说理教育，通过故事、实例，以及家长自己的心得体会等方法告诉孩子"以自我为中心的人是不受大家欢迎的"，"要做真正受大家欢迎的人"，只有孩子出现严重错误时，家长才应及时给与其相应的惩罚，并告之"惩罚并不是爸爸妈妈不爱你，而是你做错了事情，你的想法不对，只要改正，爸爸妈妈仍一样喜欢你爱你。"

2. 同伴之间的小冲突有利于减少孩子的"自我中心"意识

当孩子与同伴发生争执，意见不统一时，家长作为孩子的管理者，不能事事以自己的孩子为中心，什么都干涉，应告诉孩子要公正处理，并监督孩子自己去尝试解决。让孩子在冲突中认识到别人也是有需要的，并尊重他人的意愿，在小争执中寻找到解决问题的方法。

3. 用鼓励、表扬等方法强化孩子的利他行为

在生活中，家长可以采取鼓励孩子利他行为的方法，让其感到和朋友分享自己的物品是一件快乐的事情，要比自己独占强得多，这不仅有利于减少其自我中心意识，还会锻炼孩子的交往能力，让孩子从互动中得到朋友的认可。

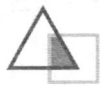

细节25：怎样帮孩子摆脱心理"牢笼"的束缚

一天，妈妈带着儿子龙龙去买衣服，龙龙在琳琅满目的商品中，一下就看中了一件带着粉色染花的运动服。他指着那身运动服问妈妈："妈妈，那套衣服怎么样？"

"嗯。还不错，你喜欢吗？喜欢咱们就买下来。"

第四章　让孩子认识自我、接受自我的8个细节

"嗯……"听妈妈这么说，龙龙突然托着下巴思考了起来，最后摇摇头说道："还是不要了，男孩子穿粉色衣服，会被同学们笑话的。"

"不会啊，龙龙皮肤白，穿粉的正合适。"妈妈鼓励道。

龙龙还是摇摇头，推着妈妈去看其他衣服了。

在实际生活中，像龙龙这样的例子比比皆是，这是因为孩子在成长中逐渐对自己有了更深的了解，同时又没有形成牢固的自主信念，比较容易受到周围人的影响，对周围人如何看待自己也更为敏感，这种顾虑甚至会形成一种思维习惯，在做什么事之前都会先想到"其他人会怎么说我""别人会认为我这样做是错的吗？"之类的问题，结果往往被这些假设性的观念束缚住手脚，导致年龄小小却显得暮气沉沉。因此，家长应改变家教方式帮助孩子从这种思维"牢笼"里解脱出来。

1. 让孩子认识到自己的顾虑不一定都是对的

家长在发现孩子有类似龙龙的顾虑时，应温言鼓励他将自己的想法和担忧都说出来，让帮他分析这些想法哪些是必要的，哪些是不必要的。家长还可以通过故事、实际例子等告诉孩子，别人的看法有时只是无心之语，或者只代表他们的个人意见，并不一定都对，因此，孩子要能坚持自己的想法才行。

2. 鼓励孩子大胆尝试以前不敢做的事情

回到家后，妈妈对爸爸讲起了这件事，苦恼地说道："儿子小小年纪怎么这么在意别人的目光呢？就这样把自己困在牢笼里可不好，不行，我看，还是把那件衣服买回来，鼓励他穿穿试试，真的很合适嘛。"

妈妈不想儿子这么小就束缚住自己，在得到爸爸的支持后，第二天偷偷把那套运动服买了回来。

"儿子，妈妈今天要给你一个惊喜！"妈妈坐立不安地在家里等着儿子放学归来，当龙龙刚打开门走进来，妈妈就兴奋地迎了上去。

"给我买好吃的了吗？"龙龙笑嘻嘻地问道。

"就知道吃。看，妈妈把昨天的衣服买回来了，快穿上，让妈妈看看。"

"妈妈……"龙龙眼里的惊喜一闪而过，随后换上了一副不甘愿的表情，小声说："我不是说，不要这件吗？万一穿上了真像小姑娘了怎么办。"

"你穿上试一下不就知道像不像小姑娘了吗？妈妈觉得很适合你，而且我问售货员了，这就是为男孩子设计的衣服，你穿不会有错的。"妈妈说。

龙龙眨了两下眼，看看衣服真的挺喜欢，便轻轻点了下头，小声回答道："那……我就试穿一下？"

"嗯，穿一下，不合适妈妈拿去换。"

"好。"龙龙腼腆的笑了笑，抱着衣服跑回了房间，不一会儿，羞答答地低头走了出来。

"妈妈，怎么样？"他问。

"这不是很合适吗？而且显得我儿子更阳光帅气了。"妈妈夸赞道。

"真的？"

"妈妈什么时候骗过你，自己去照照镜子。"

龙龙赶紧跑进了洗手间，没一会儿乐呵呵地跑了出来，对妈妈说道："真的挺合身。"

"对吧，妈妈没说错吧。"

"嗯。"龙龙重重地点了几下头，然后说："以前听同学们说男孩子穿粉衣服很娘娘腔，所以我就告诉自己千万不能穿带粉色的衣服，不过今天试了试，我觉得男孩子也是能穿粉衣服的。看来，很多事情不亲自试一试，是不知道结果的。谢谢妈妈让我懂得了这个道理。"

故事中，妈妈的做法很巧妙也取得了良好的成效，让孩子大胆地穿上了自己喜欢的衣服。

更重要的是，妈妈的举动让孩子在心理上突破了原有的观念"牢笼"的束缚，也让他明白了"不能一直担忧踌躇，亲自尝试才是正确的"这个重要的人生道理，为他以后彻底摆脱这种束缚奠定了基础。在生活中，家长也可以借鉴龙龙妈的方法，鼓励孩子将他人诧异的眼光、冷言冷语和反对的声音都弃之一旁，在自己喜欢的领域大胆尝试。

3. 加强孩子的主见意识

在小学、初中的孩子中，那些自主较差、主见意识不明确的孩子更容易受到他人的影响，因此，家长可加强孩子在这方面的教育。从日常小事开始，让孩子积极动脑筋，提出自己的看法，并自己做主去做，天长日久，孩子就会变得越来越有主见，不再为无谓的担忧而伤脑筋了。

第四章　让孩子认识自我、接受自我的8个细节

 **细节26：让孩子看到自己的长处和优势**

　　小马是一个平庸的孩子，学习平庸、为人处事也是平平淡淡，从没做出过出彩的事情，这让他有些不自信，总觉得自己技不如人。

　　有一次学校组织了一次亲子郊游活动，家长和孩子们共同在野外生活两天一夜，一起生火、一起做饭，大家玩得不亦乐乎。但小马却一直把自己"隐藏"的人群的角落里，一声不吭，默默的做着老师交给他的任务。

　　"小马，你怎么不和大家在一起呢？看大家玩得多开心。"同学的妈妈李阿姨见他总是自己一个人呆着，便好心过来叫他和大家一起玩。

　　小马摇摇头，说："我不会讲笑话，不能逗大家开心。"

　　"那也没关系啊，我们一起听别人讲，一起笑嘛。"

　　这时候，小马的爸爸走了过来，很不好意思地对李阿姨说："小李，不用管他，这孩子就是太闷了，一点长处也没有，过去也是丢人。"

　　李阿姨见小马爸爸这么说，连忙摇头说："谁说小马没有长处，这孩子虽然不爱说话，但老师交给他的任务都能很好的完成。刚刚我就发现了，他不仅把米淘干净了，在淘米之前，还仔细的把里面的小石子捡了出来，真是个细心的孩子。"

　　"是吗？他也只能做好这么点事，其他的事情就不行了。"小马爸爸摆摆手，一副完全不认同孩子这点长处的模样，小马脸红的低下了头。

　　李阿姨见他们这样，连忙对小马爸爸说道："不能这么说，要是连父母都不能认可孩子的优点，孩子自己怎么能看到他的优势呢？"

　　"他有优势？"

　　"我也有优势？"

　　父子俩同时发问，李阿姨被他们逗得笑了起来，然后不好意思地道歉说："真是不好意思，我不是在笑话你们。小马的优势不就是认真、负责和细心吗？现在的人，不仅孩子，就连大人都很浮躁，认真的人可是越来越少了，而小马却拥有它，难道这不是他的长处和优势吗？"

　　见小马爸爸皱眉，李阿姨继续说道："小马爸爸，你这样可不行，我们做父母的，应该帮助孩子了解自己的优势和长处，由此让孩子获得自信，健康成长。如果

你总是否定他的优点,那他永远也看不到自己的长处,学不会自我欣赏的。"

"这个,呵呵……"小马爸爸不好意思地摸摸头,经李阿姨这么一说,他也觉得自己平时对待儿子的态度有问题,现在这个社会,一个认真而且负责的人,确实是很难得的。想到这里,他不由得低头看了眼儿子,摸摸他的头诚心说道:"儿子,你真了不起。"

"小李,今天真是受教了,看来人真的是学无止境啊。"他感叹道。

上面故事中,小马同学的爸爸很爱自己的儿子,也很希望孩子能够在学习、生活上都出彩,但是面对孩子这绵绵软软的性子,批评也好、要求也好,也没见有什么成效,也就听之任之了。而李阿姨的观点则不同,她敏锐地从淘大米这件小事上发现了小马的优点,并讲出了自己的想法,不但鼓励了小马,更让小马爸爸也颇受启发。可见,只要家教方法对了,孩子就会有积极的回应的。

1. **用放大镜看孩子的长处,并大力肯定**

对孩子来说,细微的进步和巨大的进步是同义词,孩子进步与否不能以成绩高低来论,更要看他在其他方面的变化。这时,家长就要用放大镜观察孩子的有点了,只要有一点点的进步和提高,家长就要及时给予表扬和鼓励,适当时候还可以给孩子小礼物、满足他的一个要求等作为奖励。

2. **让孩子每天发现自己的一个优点**

家长不但要多看到孩子的长处、优势,还要帮助孩子看到自己的强项。在日常生活中,每天的休息时间,家长可以和孩子一起做"找优点"的游戏,教孩子回想自己今天都做了哪些事情,能发现自己什么地方做的好,哪些是自己的优点,即使是一个小小的长处也要讲出来,这能极大地鼓励孩子的自信,成为他积极向上的动力。

细节27:鼓励孩子发掘自己的潜能

爸爸因为工作原因,小可一家这周末要搬家去另一个城市生活。

"这里还有一个箱子,快来搬。"妈妈提前一周就把需要搬运的东西装进了箱子里,这时候,一家人正奋力把东西往运输车上搬。

第四章 让孩子认识自我、接受自我的8个细节

"小可，帮忙搬过来。"爸爸手里正抱着两个箱子，没空过去拿，就让小可帮忙拿一下。

小可一听，往后退了两步，对爸爸喊道："不要啦，我肯定搬不动，爸爸快来帮我搬。"

这时候，妈妈抱着一个大纸箱走到小可身边，对他说："儿子，你看妈妈都能搬动这么大的箱子，那个小箱子你一定搬得动的。"

但小可还是有些不愿意，伸手只碰了碰脚边的纸箱子便又缩回了手，对妈妈摇了摇头，"拿不动的，对我来说，这个箱子太大了，妈妈帮我吧。"

"你试过了吗？"爸爸走过来，甩了甩手臂说道："爸爸还要搬更大的箱子去，你不是常说要帮爸爸妈妈做事吗？要相信自己，人的潜能可是无限大的。"

"可是……"小可还是有些犹豫，很难相信自己有这么大的力气，把这个装满东西的沉甸甸的箱子搬起来。

"你觉得爸爸天生就这么大力气吗？其实爸爸在搬那些大箱子的时候，也怀疑过自己的能力，但是我觉得只要自己努力一下下，就能发挥出更大的能力，所以嗨哟一下子，就把箱子举起来了。儿子，你也要学会相信自己的能力，没准，你还是超能力者呢，咱们一起来试试，看看到底能不能变得更有力气，把这个箱子搬起来，好吗？"

爸爸认为如果在这个时候向儿子妥协，不让他搬这个箱子，儿子在以后的成长过程中，很可能会再次认为自己不行，而放弃更多的发展前途，所以他坚持要让小可今天把这个箱子搬起来。

爸爸首先弯下腰试了试箱子的重量，对他来说很轻，对儿子来说，可能稍稍重一点，但还不是搬不动的程度，所以他下一刻又把箱子放在了地上，对儿子说道："小可，来，就像爸爸刚才那样，轻轻地把它搬起来，当你把箱子搬起来的时候，就会发现其实它很轻巧的，完全不像你想象中那么重。"

"真的吗？"小可还有些担忧，但眼睛里已经没有了刚才的害怕，倒显得有些兴奋，跃跃欲试。

"当然是真的，爸爸妈妈一直相信你是个能干的孩子，难道你自己不相信自己？"妈妈走过来鼓励道。

"我当然是个能干的孩子。"小可此时已经完全没有疑虑了，深吸一口气，毫不犹豫的弯下腰抱住了脚边的箱子。

"呵……呀！"小可闷闷地喊出声来，小脸憋的通红，吃力地把箱子抱了起来。

培养孩子高情商的100个细节

"嘿嘿，爸爸妈妈，看来我的力气也很大嘛。"

"当然，我们儿子最能干了。"爸爸夸奖着他，帮他一起把箱子搬到了货车上。

故事中小可爸妈的教育方法很值得借鉴，在搬家中，他们并没有因为孩子小，就让其在一边玩，而是让小可和自己一起动手搬家，并给他分配了一个小箱子——当然，在小可的眼中这箱子可不小，他以前没有搬过这么大的箱子，因此张口就拒绝了，认为自己搬不动。但在爸爸妈妈的鼓励下，他还是搬动了。在这个事情中，小可妈妈在鼓励他，爸爸以自己的经历告诉他：人的力气都是一点点增长的，只要努力，就能取得超越以往的成绩。这个道理，不但适用在生理体能的锻炼上，在学习、生活等方面也同样适用。只要孩子明白了这个道理再通过亲身尝试体会到甜头后，就会更加自信，更愿意发掘自己的潜能。

1. 从体育运动入手帮孩子挖掘自己的潜力

在帮助孩子发掘潜力的初期，家长可以通过体育运动的方式来进行，这是因为孩子都比较爱玩爱动，身体在快速发育中，他们也更易体会到突破往日能力的快乐，容易看到成绩有利于进一步的提高。比如，家长和孩子一起跑步锻炼，先从最开始的每天跑一两千米，然后逐渐提高到强度和时间等；或者和孩子一起踢足球，从一次二十分到半个小时，四十分钟等等都是不错的方法。在一起运动的过程中，家长适时给孩子点拨下道理，启发他主动思考，主动对开发自己的潜能感兴趣最好。一段时间后，家长再鼓励孩子开发自己在其他方面的潜能，如当众演讲、提高背诵外语单词量等等都可以。

2. 让孩子大胆探索新事物

家长可以带孩子一起野营，一起郊游，鼓励孩子在注意人身安全的前提下，大胆探索自然的奥秘，激发孩子探索未知事物的兴趣。在家里，家长也可以鼓励孩子对以前不了解的事物进行研究，如给孩子买一套儿童科学实验仪器，让他自由地做些研究。也可以鼓励孩子自己编故事，学习一门新艺术课程等，让孩子在乐趣多多的探索、研究过程中逐渐发掘自己的潜力。

 **细节28：让孩子学会接受自己的不完美**

小桃是个爱美的女孩子，每天都捧着一面小镜子，左照照、右照照，越看自己越觉得美，听到别人夸自己漂亮的时候，心里美滋滋的别提多开心了。

可是这两天，小桃在和同学们谈起长相的时候，同学总是不停地说："哎呀，你看我这鼻子，有点塌，别提多难看了。"

"对啊，我右边脸颊比较高，一点都不对称，太影响美观了。"

"就是说嘛，要是我能再漂亮一点，再完美一点就好了。"

听着同学们的讨论，小桃不由得又拿出了小镜子，看着镜子里自己的脸，她一会儿摸摸鼻子，一会儿捏捏脸蛋，感觉自己的长相也和同学们说的一样，有些不完美了。

闷闷不乐地回到家，小桃迫不及待地跑进洗手间，在一人高的大镜子面前照来照去。

"好像……鼻子有点歪，往左偏了一点点……"

"嘴唇也薄厚不一，真是越看越难看，我以前怎么没发现呢，长成这样，可怎么见人啊。"

"小桃，你在洗手吗？妈妈今天买了你最爱吃的西瓜，洗好手赶紧出来吃，很甜哟。"妈妈从厨房里端出了一盘切好的西瓜走了出来，本以为小桃会高兴地跑过来，可没想到，看到的却是一张悲伤的脸。

"小桃怎么了？在学校受欺负了？"妈妈连忙问。

小桃摇摇头，伤心地说道："妈妈，你看我鼻子是不是歪的，好难看啊。"

"哪有，我闺女最漂亮了。"妈妈连忙哄道，并拿了一块西瓜塞进了她的手里，"快吃，刚冰好，又甜又解暑。"

"还有这嘴，和爸爸的一样，难看死了。"小桃愤愤不平地咬了一口西瓜，突然责怪起父母来，"都怪你们，把你们不好的地方全遗传到我身上了，这鼻子就和妈妈你的一样，歪的！"

"你这孩子，真是胡说八道，妈妈鼻子哪歪了，你已经很漂亮了，这样正好。"

"不好，我都没脸见人了！"

"你这孩子真是'横挑鼻子竖挑眼',好看难看真就那么重要?世界上哪有十全十美的人,你鼻子歪点就没脸见人了,那人家缺胳膊少腿儿的,还怎么活啊。"妈妈不知道小桃心里在想什么,只当她是在无理取闹,劈头就是一顿训斥。小桃委屈又生气,随手抓起一块西瓜,恨恨地咬了下去。

一般来说,孩子会因为以下几个自身的问题而产生烦恼:一是相貌等生理方面不如意,这还不是自己确实有残疾,是因没有达到自己心目中的理想标准而"自寻烦恼";二是性格个性等社会能力方面有些欠缺,如不善言谈、拘谨、死板等,或者是本来认为自己强的方面,却无意中听到周围人的负面评论而"发现"原来人们不是这么看,就认为是自己的缺点了;三是家庭条件不如别的同学家优越,当其他同学炫耀或谈论自己有什么名牌书包、手机、衣服时,也会对孩子产生一些压力;四是孩子的学习成绩波动。此外,当家长因期望较高而常对孩子高标准要求,甚至责难时,也会让孩子产生自己"不完美"的感觉。因此,在家庭中,父母应针对孩子这种"我是不完美的,真接受不了"的不良心理和情绪进行教育,帮他及时摆脱这种困扰。

1. 不对孩子求全责备

家长要注意自己对待孩子的态度,即使是对其期望甚高,也不能总是将这些话放在嘴边,并拿这个"期望"作为目标给孩子施加压力,当孩子在努力时,哪怕期间有些问题,出些错误,也不宜求全责备。对自己的问题,只要家长稍微提示一下,孩子大多都能明白,而不必家长事事都讲的非常严重。

2. 即使孩子"不完美",家长依然爱他

家长应让孩子知道,即使他在某一方面做的不到位,或有一些缺点,但并不影响父母对他的爱,在父母眼中,孩子永远是最棒的。对于孩子的小毛病,可以告诉他,只要改掉即可,不必过于在意,家长的这种大度能对孩子起到良好的心理抚慰。

3. 让孩子明白"人无完人"的道理

孩子对自己的"不完美"不能接受的一个重要原因,是他认为事情可以做到完美,人也可以长的完美。但是,他并不知道,完美只是人们追求的一个理想目标,而不能完全以此作为对自己的要求标准。这个世上没有绝对完美的事情,人也一样,没有谁的外貌是完美无瑕的,也没有谁是没有缺点的人,圣人、伟人也达不到这种境界。因此,家长应将这个道理告诉孩子,让他明白爸爸妈妈也是有缺点的,

每个人都有自己的缺点，因此，我们既要取长补短，积极提高自己，也要能够接受自己的"不完美"。

细节29：让孩子发现自己独特的价值

温女士的两个儿子是一对双胞胎，正在上小学，他们听话、孝顺，让温女士每天的生活都充满幸福感。但是有一天，小儿子突然问温女士："妈妈，我也有属于自己的价值吗？"

温女士从不知道，原来儿子会有这种疑惑，每个人只要生下来就有存在的意义和价值，这不是理所当然的吗？但是她觉得得认真回答儿子的问题，于是低下头看着他的眼睛说道："当然有，你诚实又守信，还热爱劳动，总帮妈妈做家务活，是个很乖很听话的好孩子。"

"妈妈，弟弟才不守信呢，上次他借我的玩具玩，说两天还，可一个星期都没还给我，后来我才知道，玩具被他弄坏了，真是一点也不诚实。而且前天我让他扔垃圾，他竟然谎称自己肚子疼，溜了……"

"是吗？"温女士温柔地看向小儿子，小儿子不安地低下了头，她想了想，说道："可是在妈妈眼里，你就是个诚实守信又热爱劳动的好孩子。你们还记得上个月大扫除的事情吗？哥哥不小心把自己的手弄伤了，让弟弟帮忙做你那份工作，但是弟弟手里也有任务，但还是答应了下来，在忙完自己的任务时，继续回来做哥哥的工作。弟弟那时候很累了，他完全可以和妈妈说不想做，让妈妈来做的，可他没有这么做，坚持把妈妈交给你们的任务全做完了，对不对？这不就是弟弟的闪光点吗，我觉得弟弟一定会成为一个很棒的男人的。"

"嘿嘿……"小儿子听到妈妈这么夸自己，不好意思地嘿嘿笑着低下了头。

"好吧。"哥哥耸耸肩，有些无奈地说道："我勉强认可妈妈的话吧。"

"真是个乖孩子，哥哥这点也很好，只要是对的，就会欣然接受，而且哥哥在外面一直都很照顾弟弟呢。你们两个都是妈妈的好孩子，妈妈爱你们。"温女士一手抱一个，在两个儿子脸上各亲了一口。

在家中，家长应让孩子明白，每个人都有自己优势的一面，也有自己的缺点，所以不能认为自己有缺点就没有"自己的价值"了，也不能因为自己能帮助别人，

就可以不弥补、改正缺点了，这两者不能混淆，也不能互相代替。

1. 让孩子帮自己做事，体会到自己的价值

生活中，家长可以把本来自己能做的事情分出一部分去，向孩子提出请求，让他帮自己做。在孩子帮助自己的时候，家长可以描绘自己的心情，并及时向孩子表示感谢。同时，告诉孩子，如果别人能够得到他的帮助，也会对他发自内心的感谢，这才是做为一个人真正价值的体现。家长也可以建议孩子，向朋友、同学等周围人提出帮助的请求，以感受别人对自己的帮助。

2. 提高孩子帮助他人的能力，提升其价值

在孩子接受了有关自我价值的理念后，家长可以进一步提示他：你的能力越高，给人带来的帮助就越大，你的价值也就更大，也更值得人们的尊敬。并鼓励孩子发扬长处，积极主动提高自己的能力。这也能促使孩子将注意力放在提升自己上，更有利于其情商的培养。

第五章

帮孩子管理好情绪的10种方法

情绪表达的方式是影响人际关系很重要的一个砝码。学会恰当地表达情绪，才能更好地适应社会。那么，当孩子遇到情绪问题时，家长应该如何帮助他们渡过难关呢？在本章，我们从孩子常见的逆反心理、压抑情绪、焦虑、厌恶老师、无理取闹、发泄情绪等10个方面入手，向家长们介绍如何帮助孩子管理好自己的情绪。

 **细节 30：怎样消除孩子的逆反心理**

今天夏丽下班早，看看时间，刚好快到儿子初中放学的时间，于是她买好了儿子最喜欢吃的冰糖葫芦，打算亲自去接儿子放学回家。

儿子上初中后，夏丽的工作开始忙了，儿子很自觉地就不再让妈妈去接送他上学，这次正好是个好机会，她准备给儿子一个惊喜。

"叮铃铃……"

来到学校门口的时候，放学的铃声正好响起，不一会儿，成群的学生开始往学校外面走。夏丽担心儿子看不到自己，便站在了校门口最显眼的位置，高兴地等着儿子出来。

"儿子，妈妈在这儿……"隔了老远，夏丽就看到了儿子，招手向他打招呼，他明显往夏丽这边看了一眼，却又低下了头，依旧和同学一起谈笑着。

难道是没看见？夏丽心中疑惑，便迎了过去，"儿子，妈妈来接你放学了。"

"……"可儿子像是不认识自己一样，突然快速地朝前跑了过去，和夏丽擦身而过。

"……"这是怎么回事啊？夏丽丈二和尚摸不着头脑，只好追着儿子的身影，回到了家。

"儿子，刚才……"

"妈妈，你怎么回事！"

一进家门，夏丽还没来得及发问，就被儿子给顶了回来。

"我怎么回事？应该是你怎么回事才对吧，妈妈好不容易去接你一回，你怎么能……真没看见妈妈？"她问。

儿子头一撇，撅着嘴回答道："看见了。"

"那怎么不理妈妈。"

"同学们会笑话我的。"儿子有些生气地说道："哪有父母来接初中生放学的，我都这么大了，能自己放学回家的，你以后就不要再去接我了。"

"这不是偶尔一回嘛，你想让妈妈天天接你，妈妈还没时间呢。"

"一回也不行，多丢人啊。"

"妈妈去接你就丢人了？你这孩子翅膀硬了是不是？"

"反正……你别再去接我就对了。"儿子微低下头，赌气般说道："对了，还有，明天是周末，同学们说好了一块去染头发，我要把头发染成黄色的，一定特帅气，你和爸爸别拦着我。"

说完，儿子就回了自己房间，留下夏丽一个人在客厅里，哭笑不得，疲惫地坐在沙发上。

许多家长抱怨，孩子特别不听话，爱和大人顶嘴，叫他向东他偏向西，叫他不干他非要干，逆反心理特别强。进入青春期的孩子，从小学升入中学，由于学习压力的增加，自身心理和生理的许多欲望增多，且一时得不到满足，又加之他们对其自身的变化并不认识，也不会处理，容易产生逆反心理。逆反心理具有负效应，轻者对学习、社会等构成消极影响，重者则导致过激行为，甚至危害家庭、学校及社会。因此，家长必须采取有效的对策来防止和消除孩子逆反心理的发生。

1. 给孩子平等的发言权

当孩子充分表达意见后，家长应作出积极的姿态："你这个想法不错，要是再加一点或再改一点就更完善。"家长的积极反应可以让孩子心情愉快，充满成就感，有利于双方下一次的情感交流。

2. 让孩子学会将心比心

家长过问、干涉孩子的行动，应直截了当地说出自己的担心和忧虑，让孩子知道家长的爱心。比如，处理孩子放学晚归这种事情，有的家长是等孩子回家后，劈头盖脸一顿臭骂，勒令以后不准晚归。这种处理方式过于急躁，孩子不但没有体会到家长的爱心，反而对家长产生了抵触情绪，认为小题大做，管得太宽。有的家长则会尽量压住怒气，心平气和地询问原因，并说明因为不知道你为什么晚归，心里很着急、很担心、希望你能够站在家长的角度，体会家长的爱心和不易，以后早点回来。相信懂事的孩子听了这一番话后，会为自己的晚归给家长带来不安而感到内疚自责，对家长的干涉行为也不会产生反抵触。

 **细节 31：如何应对孩子的厌学情绪**

芸芸是名初三的备考生，学习压力太大，使她最近的情绪有些不太正常，经常无缘无故地烦躁不安，而且还认为自己太笨，自己都十分嫌弃自己。

这次模拟考试，芸芸的成绩又不太理想，一回到家里，她就把自己关在了房间里，把头闷在被子里，不停地想：我的脑子到底是怎么长的呢？是不是比别人少点东西啊？要是没有我这个人就好了。

然后又想到明天虽然是周末，但是还有一大堆的作业和补习班等着自己，她的头立马疼了起来，一股自我厌恶感，油然而生。

"芸芸，在想什么呢？菜都掉桌子上了。"吃饭的时候，芸芸妈捅了捅她，原来她想得太入神，竟然发起呆来，连正在吃饭都忘了。

"没有。我吃饱了，回房间写作业去了。"芸芸说完就跑回了房间，妈妈坐在饭桌前，暗地里想：是不是孩子的学习压力太大了呢？她隐约觉得最近的芸芸情绪有些不太正常，而且学习成绩也不如以前了，这该如何是好呢？

又一个周末到了，芸芸吃完早饭后，就回屋去收拾补习要用的东西，这时候，妈妈走了进来，笑盈盈地对她说："芸芸，我刚才接到补习班的电话，说是今天代课老师有事请假了，就不用去上课了。"

"是吗？那我自己在家复习吧。"芸芸说道。

"我看这样吧，今天你不要想学习的事情，和妈妈一起去植物园玩一天，怎么样？正好妈妈最近很想出去走走，可一个人太无聊了，就当陪妈妈吧，好吗？"

"可是……"芸芸看了看桌上的课本和作业，犹豫着。

妈妈连忙走过去把她的课本收了起来，拉着她就往衣柜走，"别磨蹭了，今天不想其他的事情，就好好玩，让自己放松放松。"

芸芸这才知道，妈妈是看自己不对劲，想让自己放松一下心情。明白过来后，她深吐一口气，抱住妈妈说道："妈妈，谢谢你，今天我就给自己放个假，痛快的玩一天！"

"就是，学生不能光学习，也得适当的休息休息，来，咱们选件漂亮的衣服去！"穿戴整齐后，母女俩亲密地相拥出了门。

当学习的方式只是简单重复变化及任务过重时,就易引起学生的厌烦情绪。孩子往往出现分心,从而使学习效率下降,有的甚至导致逃学等行为。

另外,孩子还可能是因为基础知识不好,不能适应学校生活所致,父母要是不能理解孩子,不能给予适当的心理支持,孩子对学习会更加恐惧。孩子如果经常挨父母的打骂和惩罚,也会产生厌学情绪。作为家长应帮助孩子创造一个生动有趣的学习环境激发他的学习兴趣。

1. 倾听孩子的心声

要学会倾听孩子在学习上的苦恼,多替他分忧,多给他支持,而非轻易地下定义,说他笨或懒。特别是不能让他和其他亲戚家优秀的孩子比。

2. 讲解家庭奋斗史

可以与孩子分享父母工作或创业的酸甜苦辣,这也是促成孩子成长的重要手段。

3. 父母要做到了解孩子

家长在给孩子传授知识时,要考虑到他们的承受能力,不要盲目地灌输,给孩子增加学习的心理负担。

细节32:及时帮孩子消除压抑情绪

周末的上午,爸爸妈妈在家里或看书、或打扫卫生,都在忙碌着,而白莉却在书桌前发着愣,看着桌子上的作业题,明明是应该尽快做完它们的,但白莉怎么也静不下心来,心里有股莫名的急躁之火在四处翻腾。

"读题、读题!这是一道应用题,该怎么解呢?哎呀真烦,干脆不做了。"白莉真想甩手不干了,可她也仅仅是嘴上说说罢了,过了没一会儿,她又埋头读起题来。不过她也只是反反复复读这一道题而已,根本静不下心来认真的思考。

她想发火,却又找不到发火的理由,看着眼前的题,明明是老师刚讲过的,公式、计算方法还历历在目,可她就是答不出来,心情不由得更加阴沉了。

咯吱咯吱……咯吱咯吱……她找不到发泄的地方,只好咬起了铅笔头,那股卖力劲真像是在咬自己的大仇人。

"莉莉，你在做什么？快吃午饭了，你作业还没做好吗？"咬得正起劲的时候，妈妈敲门走了进来，白莉赶紧把铅笔藏在身后，换上一副笑脸对妈妈说道："快做完了，我马上就去洗手吃饭。"

说着，就把铅笔盖在作业本下面，迅速的跑了出去。妈妈觉得女儿的行为有些奇怪，就偷偷来到她的书桌前，稍稍翻了两下，就发现了那支被咬坏的铅笔。

"妈妈你怎么乱翻我东西？"白莉回房拿东西，正好看到妈妈正拿着坏铅笔发呆，心里一惊，赶紧跑过去收拾自己的书桌。

"妈妈没乱翻，就是帮你整理一下桌子。对了，这铅笔怎么咬成这样了，对身体不好的。"妈妈关心的问。

"也没什么……"白莉歪歪头，回答道。

"学习遇到什么困难了吗？你要真遇到问题，想用这个方法来缓解压力，妈妈建议你可以用狗咬胶，汪汪，使劲咬都没关系！"妈妈开玩笑说道。

"哈哈……"白莉被逗得哈哈大笑起来，顿时觉得心情畅快了很多，她手抚着桌子，低着头小声说道："其实也不是什么大问题，就是最近总觉得特别压抑，好像快要喘不过气来了，做什么事都静不下心。"

"妈妈也经常有这种时候，这是正常现象，不过咬铅笔，可就不正常了，以后再有这种时候，可以找妈妈来谈谈心，实在不行，咱们真去买点狗咬胶，你一块，我一块，对着咬！"妈妈又把白莉逗乐了，之前的压抑情绪一扫而光，她上前抱住妈妈，深情地说道："妈妈，谢谢你的理解，我还以为你会骂我一顿呢。"

压抑心理源于个体自身气质性格，也受到外部环境影响。外向性格的人遇事往往用情感将它表现出来；内向性格的人则常常把感情压抑在内心，其中消极的情感会转化为压抑感。当孩子感到压力时，他们可能出现以下几种怪异的表现：哭泣、不安的睡眠、疾病反复、攻击性行为、过度忧虑、说谎和欺骗、情绪压抑。

学生的任务无外乎学习，若能取得预想的成绩，内心即有成就感；若长期超负荷地学习，不堪重负，那么学生就可能感到痛苦与压抑。如有的学生面对繁重的学习负担、成绩下降，就会感到压抑消沉。

1. 为孩子创造轻松愉快的生活环境

有的家庭气氛比较紧张，平时父母对孩子的态度也较严肃，虽然为孩子提供了成长所需的各种条件，但孩子还是感到紧张、压抑。相反，生活在宽松、愉快环境，能使孩子随时能够自由、放松地表达自己的喜怒哀乐。

2. 培养孩子多方面的兴趣

在孩子心情好时尝试一些新的游戏活动。有时，孩子不喜欢某些游戏是因为不熟悉游戏规则或不擅长某项活动，而不是他并不想进行游戏，这时父母的耐心引导会改变孩子对这些游戏的态度。亲子活动也能让父母和孩子更加情意融融。

3. 坚持锻炼身体

通过体育锻炼，出一身汗，人会感觉精神且轻松许多。例如快步走、慢跑、游泳或骑车等，可使人信心倍增，精力充沛，这些行动让人肌体彻底放松，从而消除紧张和焦虑的心情。

细节33：冷处理应对孩子的无理取闹

小金的儿子今年9岁，长得好、学习好，就是脾气不太好，小小年纪总是和人闹情绪，稍不如意就开始无理取闹了。

这天又是这样，小金正在厨房做饭，就见儿子跺着脚跑了进来，开口就是："妈妈快帮我念课文。"

"妈妈正在忙，快出去，一会儿烫到了。"小金担心地说道。

但儿子却不管，用力把手里的书往她怀里塞，强硬地说道："妈妈快念，我还要听呢。"

"为什么不自己念呢？妈妈正忙着呢。"

"不管，就要妈妈念。"儿子继续把书往她怀里塞，用的力气比之前更大了一些，差点把小金推倒。

正巧这个时候锅里的菜有些糊味了，小金连推带赶的把儿子带出了厨房，匆匆跑去关火，与此同时，儿子的哭闹声也从客厅传了进来，小金顿时烦透了，饭都不想做了。

吃过晚饭，小金的老同学打来电话，两个女人煲起了电话粥，聊着聊着，就聊到孩子的教育问题上，小金一通诉苦，同学问她："你怎么就不想办法解决一下呢？"

"他不觉得自己有错，我有什么办法。"小金把责任脱卸的一干二净，狠挨了老同学一顿批。

老同学说："孩子不懂约束和管理自己的情绪，我们做父母的就应该给予指导啊，你怎么能说这种话呢。"

"你家孩子是没这种问题，当然站着说话不腰疼了。"小金不服气地回道。

但老同学却没生气，而是很认真地说道："我家贝贝小时候也这样，后来我冷处理，给他'冷'掉了！"

"冷处理？这是什么方法？"

"就是当孩子在乱发脾气，无理取闹的时候，把错误给他指出来，然后让他自己反省自己的错误去，认不清自己的错误，我和他爸爸都不会理他的。"老同学说。

"这样真的行吗？没人理他，多难受啊。"

"正因为难受，所以他更能自我反省，认识到自己的错误，然后进行改正。你不妨也试试。"

"这……"小金有些犹豫，但儿子最近的举动真的令她不知道该怎么办了，便抱着试一试的心态回答道："好吧，如果下次儿子再胡闹，我就试一下你说的方法。谢谢你了，晚安老同学。"

一般来说，孩子任性、乱发脾气，往往是父母的好脾气造成的。所以家长首先应检查自己对孩子的教养方式，平时是不是对孩子过分溺爱、放任。为了改变孩子的这种不良脾性，家长可采取冷处理方式对他。

家长只要对常犯错误的孩子适当进行冷处理，并给予正确的引导和教育，才会让他明白：做坏事的孩子是不受欢迎的，好孩子才会人人喜欢。通过冷处理，孩子就会慢慢地调整和控制自己的行为，使自己向好孩子的行为靠拢，赢得家长的喜爱。

1. 在公共场合适合冷处理

如果孩子在公共场所犯错，父母一般不宜当众处罚孩子。那样既不符合礼仪规范，也会损害孩子的自尊，而应采取冷处理法，或者将其带回家中，再给予相应的惩罚。

2. 冷处理，家长应态度一致

我们经常会遇到这样的情况：当孩子哭闹时，妈妈不愿满足宝宝的要求，但爷爷奶奶会因为心疼宝宝而满足他，这样一来，宝宝心里就觉得反正有爷爷奶奶撑腰，下次还会拿哭闹、赖皮当"武器"。因此，在冷处理孩子时，应争取家庭成员的支持。

3. 冷处理教育孩子，应长期坚持

当孩子提出无理要求时，坚决不能答应。如果孩子不听道理，依旧哭闹，家长可以冷处理，让他哭闹直至安静下来再来讲道理。这种回合会反复发生多次，但家长一定不能心软。如果坚持了五次，第六次孩子闹得太凶太久，您心一软又妥协了，那就前功尽弃了。所以，无论怎样必须坚持，孩子最终会发现无理取闹是不能达到目的的，他就会逐渐放弃这种做法。

细节34：当孩子逃学时家长怎么办

灿灿是个乖巧听话的女孩子，从小就很温顺，很少和大人吵闹，更不会无理取闹，乱和大人顶嘴。灿灿的学习成绩也一向很好，是个品学兼优的好学生，不管是在家里还是在学校，都很讨人喜欢。

但是有一天，灿灿妈却接到一个电话。电话是灿灿的班主任打来的，班主任对灿灿妈说："灿灿已经两天没来学校上课了，学校也没收到请假条，是不是家里出什么事了？"

"不会啊，她今天一大早就去上学了啊。"灿灿妈吓了一跳，孩子没上学那是去哪了？

"可是……她今天真的没来学校，昨天也是……"班主任在电话那头说："所以我想和家长联系下，了解一下情况。"

"谢谢老师关心，我现在就去找灿灿，晚晚再和您联系。"

"嗯，好的。那灿灿妈再见，有什么消息请及时和我联系。"

"好的。再见！"

挂断电话后，灿灿妈就赶紧给灿灿爸打电话，夫妻俩这叫一个急，赶紧向公司请假，分头去找灿灿了。

可找了大半天，夫妻俩连女儿的影儿也没看见，没办法，两个人只好拖着疲惫的身体回到了家。刚打开房门，就见客厅里，女儿正坐在沙发上看电视呢。

"灿灿？"灿灿妈喊道。

"爸爸妈妈你们怎么才回来啊，我放学回来都快饿死了，快做饭吃吧。"灿灿像没事人儿一样，坐在沙发上继续看电视。

"你今天真去学校了？"灿灿爸问。

灿灿犹豫一下，睁着无知的大眼睛，认真地点点头，说道："当然啊，今天老师留了很多作业，赶紧做饭吧，我饿的都快写不动了。"

"是吗？"妈妈不动声色地走了过去，疲惫地仰坐在沙发上，轻声说："今天你们班主任给我打电话了。"

"是，是吗？"灿灿有些心虚地低下了头，不敢抬头看爸爸妈妈的脸。

"能告诉我，为什么逃学和撒谎吗？"妈妈心平气和地问道。因为灿灿平时的表现很好，所以她觉得这其中一定有什么误会。

但一向乖巧的女儿却突然跳了起来，闭着眼睛大声吼道："不就是两天没去上课吗？我喜欢，我乐意，你们管不着！"吼完后，就哭着跑回了自己房间，还怦的一声摔上了门。

"这……女儿这是怎么了？"爸爸妈妈你看看我，我看看你，完全搞不明白状况了。

从心理学角度讲，孩子逃学厌学是一种典型的心理疲倦反应。是指学生消极对待学习活动的行为反应模式，主要表现为学生对学习认识存在偏差，情感上消极对待学习，行为上主动远离学习。所有这些都严重地影响着学生的学习热情和学习效果。

1. 听孩子讲逃学的原因

在倾听的过程中，家长不能像过去那样，动辄大发雷霆。而是要站在孩子的立场上，理解孩子内心的感受，让孩子感受到父母其实是关心他的，是理解他的。多数"逃学"的孩子的情况相对单纯，他们选择"逃避"，仅仅是因为"不适应"、"不舒服"，"逃避"就是他们的终极目标，这样的孩子在经过细心工作后，多数都能选择重返校园。

2. 鼓励孩子锻炼毅力

毕竟学习不如玩游戏来的轻松，是一件比较艰苦的事情，家长在给孩子讲述学习对他的重要性和好处的同时，还要采用多种方法锻炼孩子的毅力，以增加其忍耐力。

3. 注意孩子的交友对象

如果与孩子来往的其他伙伴都是一些怕学习的孩子，孩子之间就会互相影响，一起商量着逃学后去干什么、如何向父母撒谎等。所以父母要仔细了解和观察与孩子来往的其他孩子的表现，如果发现孩子与别的孩子一起逃学，就应该与别的家长共同纠正孩子的逃学行为。

细节35：用"等待法"训练孩子的忍耐力

9岁的男孩玉龙和妈妈去超市买酱油，在玩具架上看到一个玩具，就对妈妈说："妈妈，我要那个玩具，你帮我买下来吧。"

要是在平时，妈妈肯定二话不说就会帮他买下来的，可是今天出门的时候，只带了买酱油的钱，所以她一脸抱歉地对儿子说："不行，今天妈妈带的钱不够。"

"妈妈帮我买下来吧，我真的很喜欢这个玩具。"玉龙纠缠道。

"下次再帮你买，行吗？"

"不行，不行，这次就帮我买吧。"

"儿子乖，不闹，一会儿回去妈妈给你包你最爱吃的饺子，这次玩具就不要了，好不好？"妈妈知道儿子最爱吃饺子，便用食物诱惑起他来。

果然，儿子一听有饺子吃，就把玩具忘得一干二净了，推着妈妈赶紧去买酱油，好回家包饺子。

"妈妈，妈妈，饺子还没好吗？我要吃饺子。"回到家后，玉龙就开始不停的催妈妈包饺子，可饺子哪会凭空跳出来，总得花点时间吧，妈妈就对他说："儿子，再等会儿，等会儿就好了。"

"还要等多久啊，我肚子都饿了，妈妈你快点，快把饺子端出来吧。"玉龙不依不饶道。

这时候，爸爸下班回家了，见他这么闹，便沉声说道："妈妈让你等，你就等着，难道一个男人连等都等不了吗？"

玉龙平时最怕也最听爸爸的话了，见爸爸没有好脸色，就明白自己该怎么做了，乖乖地闭上嘴坐在饭桌前等着。

妈妈看了，无奈地说道："哎，非得经你这么一吼，他才老实，不过你也别太严厉，小心吓到孩子。"

"就是你这个态度，一直惯着他，你才管不住他的。"爸爸对着妈妈摇摇头，叹了口气后，来到儿子跟前，坐在他的旁边，轻声说道："爸爸不是要骂你，只是想让你明白，做任何事都要有耐性，要学会等，经过等待得到的东西，会让你更有成就感的。"

"好的，爸爸，我以后会学会等的，就这样坐着等好吗？"玉龙并拢双腿，挺直腰板说道。

爸爸欣慰地摸摸他的头，虽然知道他现在还不是太明白这个道理，但只要会努力这样做，早晚有一天他会明白的。

儿童教育专家研究发现，孩子的忍耐力与其年龄成反比，这种特质必须从小开始培养才行。即应在幼儿至小学阶段，开始逐步培养孩子的忍耐力、耐性及坚毅能力。如果孩子得到不正确的引导教育，长大后就会变得霸道，不能遵守社会的规范。此外，他们还容易被自己的情绪所左右，稍不如意就觉得无法忍受，不能够冷静地思考解决问题的方法，不能承受挫折，以至于影响自己的工作和生活。

因此，家长应该了解自己孩子的年纪、能力及脾气秉性，有针对性地对其进行训练。

1. 有意让孩子多等待一会儿

当孩子想要某样东西时，家长可以答应他，但是要等一会儿才行，然后就去做别的事情，过段时间后，家长再把东西交给孩子，并夸奖他有耐心，是个好孩子。当孩子的要求比较高，比如想要高级钢笔、好衣服等物品时，家长在确定要求合理的前提下，可以告诉孩子，这需要他多等一段时间才行，比如十天半个月等都可以，以此考验孩子的耐心。

2. 适当给予奖励

家长在对孩子进行"延迟满足"的训练时，可以告诉孩子，只要用心配合家长，表现突出，还会得到奖励，比如孩子喜欢的漫画书、运动鞋等都是不错的奖品。

3. 转移孩子的注意力

在教孩子学会等待，锻炼忍耐力时，家长还可以告诉孩子具体的锻炼方法，以提高其训练效果，转移注意力就是一个很有效的方法。当孩子很渴望某样东西时，家长应告诉他需要在一段时间后才能满足他的要求，这期间孩子也许会坐立不安，这时家长可以给孩子安排其他任务，或让他去做自己喜欢的事情，让孩子在习惯等待的同时，能利用这段空闲时间做事。

 细节36：当孩子对老师不满时怎么办

星期一的早上，王克缩在被子里不出来，看看表，已经快八点了，妈妈在房门外都喊了好几回了，可他就是不想起床去上学。

"克克，再不出来上学真的要迟到了。"妈妈又在门外敲了一次门，但王克却把头往被子里一蒙，闷声说道："妈妈，我今天不舒服，你帮我请假吧。"

"不舒服？快开开门，是不是感冒了？严重吗？"一听他这话，门外的妈妈急了，二话不说，用力打开了房门，走到床边就掀开他的被子去摸他的额头。

"没发烧啊，哪不舒服，告诉妈妈，应该不耽误上课吧。"妈妈说道。

"我没生病……"王克突然坐了起来，撇着头说道："就是不想去学校，我们英语老师烦死了，天天问一大堆问题，就知道训人。"

妈妈一听，原来是对老师有了反抗情绪，这可不是个好现象，她得了解一下具体情况再做打算。

"这样啊，那好吧，既然你觉得不舒服，就在家里休息一天吧，不过明天一定要准时去上课，明白了吗？"妈妈心里有了主意，既然儿子不想去学校，就顺他一回意，让他在家里冷静冷静，而她自己则去学校了解一下情况，看看儿子口中的英语老师到底是个什么样的人，再想办法劝儿子回心转意。

妈妈花了半天的时间，通过在儿子学校打听和亲自与那位老师接触，妈妈发现，英语老师是个好老师，但确实有点不讨人喜欢，不管对大人还是孩子，这位老师都是有什么说什么，总是过于直接的表达自己心中的喜好。

但也是因为他无意间的这种"中伤"，使很多学生因为不服气而激起了学习的斗志，儿子学校的英语成绩普遍比其他学校高。

但是和儿子讲这种道理肯定是行不通的，所以，妈妈一回家，就装作气呼呼的对儿子说："我去你们学校帮你请假，结果遇到你讨厌的那个英语老师，妈妈也很讨厌他。"

"真的吗？我就说，没人会喜欢这个老师的。"儿子脸上有些喜色，高兴地附和道。

"我说都亲自来了，就别写假条了，他竟然板着脸说有规矩才成方圆。还说我

这个做家长的太随性了，教育不好儿子。你说气人不气人。"

"嗯，确实很随性。"王克想象着老师和妈妈对话的场面，不由得笑了起来，有那么一瞬，竟然觉得英语老师也挺有趣的。

"哎，你们学校怎么请这么一个人来当老师，赶紧辞了算了。"妈妈见他的情绪好转了很多，便趁热打铁的说道。

"那怎么行。"王克惊讶地跳起来，紧张的对妈妈说："妈妈，你可别投诉我们老师，要不是因为他教的好，我的英语成绩肯定一塌糊涂。"

"真的吗？"

"当然是真的。"

"看你现在的样子，完全想象不出你今天早上讨厌他的那个模样啊。"妈妈调侃道。

"那是因为……"

"因为什么？"

"谁让他昨天当着全班的面说我的脑子里装的全是浆糊。"

噗嗤……妈妈忍不住笑了起来，王克懊恼地跺了下脚，妈妈止住笑，对他说："其实这个老师就是口直心快了点，肯定没恶意的。"

"嗯，我知道，就是说话难听点。"

"那明天……"

"妈妈你放心吧，我会准时上课去的。"王克咧嘴笑道。

孩子对教师产生不满情绪是很正常的。孩子还小，常常以自己的好恶去考虑问题，难免出现偏颇。当孩子对教师产生不满时，家长要有正确态度，对孩子加以正确的引导。

毕竟家庭、学校各有所长，老师也是人，不是圣贤，都会有不尽人意的地方。作为学生家长应及时让他明白"去学校的目的是为了学习而不是为了挑老师或学校的毛病。"在和孩子的交流中要维护老师的权威，一则老师不可能由学生随便选择，二则古人云："亲其师，信其道"，如果家长不做"亲其师"的工作，孩子就不会有虚心的学习态度。具体来说，家长可以采取以下办法消除孩子对老师的敌意。

1. 听孩子讲不满的原因

家长应耐心倾听孩子诉说，在搞清事实真相之前，不能一看孩子对老师不满，就简单粗暴地批评孩子或批评老师。这样不但不能解决问题，反而会增加孩子与老师的对立情绪。

2. 不能盲从孩子的观点

家长不能听孩子的一面之词就表示赞同,那会使孩子认为有家长的支持而与老师更加对立,甚至对老师所教的科目也产生厌恶情绪,影响正常学习。听孩子讲完后,家长应帮助孩子认真分析他对老师不满的原因,并客观公正地加以评说。

3. 正确看待老师的过失

家长要让孩子明白,老师是很辛苦的,在繁忙的工作中,即使出现一些差错,也是可以谅解的,通过这事让孩子学会宽容。

4. 主动与老师沟通

在和孩子交流并安抚他后,家长应及时和老师联系,进行面对面的交流和沟通,既了解孩子在学校的表现,也可向老师反映孩子的一些想法,以增加老师对孩子的了解,改善孩子和老师的关系。

 **细节 37:当孩子有"教室焦虑"时怎么办**

秀秀一直对教室有种恐惧感,只要一走进教室,她就会觉得心神不宁,必须得让自己呆在最后一排,或者是教室的角落里,才会感觉到一点安心。所以每到班里调座位的时候,秀秀都很紧张,就怕老师因为她眼睛近视的原因,把她调到前面去。

越怕什么,越来什么,秀秀一直认为这句话说得一点都没错。这不,今天调座位的时候,秀秀还是没能逃过去,老师要把她往前调一排。

"老师,我在原来的位置挺好的,不用换……"秀秀弱弱地说道。

老师微笑着问:"为什么不想换位置呢?上学期你因为近视的问题,成绩下降了不少,老师也是为你好,要是实在不愿意在前面坐,就前进一排,坐在倒数第二排的位置上,怎么样?"

秀秀觉得不太好,但却不敢这么说出来,看着老师期盼的目光,她只好点头答应了下来,但不安却笼罩在心头。当坐在新位置上之后,他总感觉浑身不自在,就好像教室里前后左右都有眼睛在盯着自己一样,老师上课到底讲了些什么内容,她看不清,更听不清。

"秀秀的成绩又下降了，是不是座位太靠后面了？"开家长会的时候，秀秀妈看着秀秀的成绩单发愁，本来眼睛近视让她的成绩落后了不少，没想到现在情况越来越差了。

秀秀在一旁听到座位两个字的时候，浑身一个激灵，赶紧对妈妈说："妈妈，能不能别往前调座位了？"

"为什么？"妈妈惊讶地问："你成绩越来越不好，肯定是近视看不清黑板上的字儿导致的。"

"秀秀妈说的有道理，秀秀，明天老师就安排一下，你和第三排的同学换一下位置吧。"老师赞同地点点头。

秀秀听完，一个头两个大，咬着嘴唇想了半天，终于把心里话告诉了妈妈和老师。她说："我成绩差，不是因为近视，而是……座位太靠前了。"

"太靠前？"妈妈和老师同时出声，习惯性地看向秀秀的座位，倒数第二排了啊。

"我，我只想坐在最后一排里，要不然会不习惯，浑身不自在的，妈妈。"秀秀一口气说出了自己的情况。

秀秀妈和老师一愣，半天才明白秀秀话里的意思，不坐最后一排就浑身不自在？这是什么情况？

"难道是……对教室有恐惧感？"老师试探性地问道。

秀秀点点头，说："大概……是那样吧。"

这下，老师和秀秀妈大致明白了，可一个学生对教室有恐惧感，到底该怎么办呢？两个大人顿时没了主意。

一般来说，适度焦虑对学习没有什么害处，高度焦虑和一点也不焦虑则有害。现在，中、小学生中都有不少教室焦虑症患者，他们一旦置身教室，心境便处于高焦虑状态，学习效率和学习成绩都呈明显下降趋势，有的甚至人际关系紧张。具体来说，家长可以采取以下方法帮助孩子消除焦虑的袭扰。

1. 帮孩子找到焦虑的原因

有教室焦虑的孩子，大都学习成绩不理想，在班里不受老师和同学的注意，他们自身的思想压力很大，在教室里学习时心情就会越来越糟，当焦虑严重时会影响到孩子的学习和生活，导致他对学习的兴趣日益减少。因此，改变孩子多焦虑，首先从改变他的学习状态入手。

2. 寻找改变学习状态的方法

现在，首选要看孩子的学习成绩究竟是什么样的，哪些科目成绩较好，哪些较差，差的原因又是什么，这些确定后，就能有的放矢地改变孩子的学习状态了。如果孩子学习差是因为跟不上班，自学能力较弱，家长可帮孩子报一个课外辅导班，进行"开小灶"补课，一旦补上后，孩子的担忧没有了，焦虑自然就会消失。如果孩子学习差是因为枯燥、不爱动脑筋，这时家长就应该加强孩子的忍耐力训练了，具体方法前文已经介绍过。如果孩子是被升学、排名、老师的责备、家长的期望等因素影响而产生的压力，家长则应想方设法帮孩子减少这些麻烦，让孩子能安安心心地坐在教室里学习，而不被外界所干扰。

3. 交给孩子放松法

放松法分为两种，一是做体操放松精神压力，二是让孩子暂时将焦虑抛到一边的停止思考法。前者的具体方法是：深呼吸，曲起双臂，紧握双拳再释放开（反复如此），然后在屈折手臂向背后摆动，能有效缓解紧张压力。停止思考也叫做转移注意力法，即当发现自己陷入焦虑时，就将自己正担忧的事情都写下来，然后扔到一边，告诉自己"不想这些事情了"，然后转移注意力做其他事情，以舒缓精神压力。

细节 38：发泄，疏通比截流更重要

放假的时候，王大鹏带着 14 岁的儿子回乡下老家看望家中的老父母。此时正是农忙的时候，父子俩回去刚好帮家里做些地里的活儿。

儿子从小是在城市里长大的，没吃过什么苦，王大鹏想着，正好趁这个机会锻炼锻炼他。

"儿子，帮爸爸一块把这块地里的麦子割了，然后扎起来。"王大鹏抹了把脸上的汗，扔给儿子一把镰刀。

儿子一开始还觉得挺新鲜，挥着镰刀在大太阳底下卖力干着活儿，可干着干着，他就觉得没意思了，不仅燥热难忍，还被麦秸杆划了很多细小的小伤口，被汗水一浸，蛰得生疼。

"爸爸，我们什么时候回去？"儿子受不了炎热和辛苦，一屁股坐在了田地里，抬头看了眼炙烤着大地的太阳，心情烦躁地说道："这天儿怎么这么热，爸爸，我们今天就回城里吧，让妈妈多做点好吃的。"

"今天才来，怎么能回去呢？再待两天帮你大伯干点农活再回。"王大鹏挥舞着镰刀卖力地干着活儿，见儿子停了下来，就催促道："别发呆，早点做完早点休息，要是今天做不完这些活儿，咱们得干到天黑呢。"

"啊，这些全都弄完啊。"儿子一听，腿都吓软了，坐在地上不肯起来，"我不干了，我要回家，回家找我妈去。"

"别任性，快点起来干活，要不然爸爸生气了。"

"不干，就不起来，这破活儿，谁爱干谁干。"儿子真是累坏了，上午回到乡下就被爸爸拉到了地里，这都马不停蹄的忙了三四个小时了，中间就停下来喝过几次水，他的手都快磨出泡了，再这么干下去，他肯定得累个半死。

儿子越想越胆怯，心里有些委屈，自己放个假，怎么来这种地方受罪来了，想着想着，眼睛开始发酸，有种想哭的冲动。

王大鹏此时也有些累，被太阳烤得也正烦躁，见儿子任性耍泼，气不打一处来，上前就踢了儿子屁股一脚，说道："别废话，快点好好干活。"

屁股上挨了一脚，虽然不疼，但心里的疲惫感和委屈顿时全涌了出来，他嘴一咧，哭了起来，"就不，就不干！"

王大鹏气得真想狠狠揍他一顿，这时候，王大鹏的哥哥走过来拦住了他，对他说："孩子没干过活儿，现在是累了，哭一哭就会轻松的，这叫发泄，怎么你一个读书人还不懂这个道理？他越哭得厉害越好，总比堵在心里不让他发泄出来要好的多。"

王大鹏一听觉得是这么个道理，想起自己小时候，有时候确实很想大哭一场，把心里的委屈和不满全发泄出来。再看看泪流满面的儿子，他无奈地走过去，拍拍他的肩膀说道："想哭就哭吧，却那边歇一会儿，爸爸忙完这点咱们就回奶奶家去。"

"嗯。"儿子点点头，抹着泪走到了树荫底下。

孩子的心理是脆弱的，压力使处于天真烂漫年龄段的他们有时会感到无所适从，如果他们总把学习、生活或是人际交往中遇到的所有不愉快闷在心里，长此以往，难免会造成心理障碍。

因此，孩子非常有必要学会发泄情绪，他们心理承受能力差，也不会用大道理来开脱自己，要他们能很快调整心态、做到豁然开朗似乎有些苛求。最直接的方法就是将情绪发泄出来，这对他们的身心都有好处。家长所需要做的不是阻止他们，而是让他们发泄自己的情绪，又能适可而止。

1. 让孩子把心事说出来

父母要让孩子把心事说出来。比如可以这样说：有什么事你不想告诉别人，但憋在心里又觉得不舒服，可以通过写日记的方法，把心事写出来，心里就会感到轻松一些。也可以学会向人倾诉，把自己的心事向你的好朋友、好伙伴，或者向自己的心理辅导老师倾诉。有时候自己的倾诉不一定能得到别人的帮助，但你会发现倾诉过后自己的心情会变得坦荡舒畅。还可以找一个没人的地方大声喊叫来发泄内心的积郁。当然也可以找一些自己喜欢的运动，让自己出一身大汗来放松自己的心情。

2. 给孩子布置"发泄角"

实验证明，孩子用粗笔涂鸦的方式消解愤怒的效果最好，其次是投掷小飞镖或者投篮。对于女孩来说，可以专门在家中开辟一块"涂鸦角"，买块纤维板，专供女儿张贴涂鸦作品。对于男孩子来说，投掷飞镖，或是练习跑步上篮，都可以让其宣泄负面情绪。特别是那些感觉被老师和父母冤屈的孩子，掷飞镖是"发射愤怒"最有效的手段。

细节39：怎样改变孩子固执任性的习惯

周末的时候，一家三口决定去公园玩一天，爸爸妈妈牵着女儿的手刚走出小区，女儿就开始喊累了。

"爸爸，抱抱。"女儿伸开胳膊往爸爸身上窜，想让他抱着自己走路。

爸爸摇摇头说："你都8岁了，是大孩子了，爸爸可抱不动了。"

"抱得动，爸爸肯定抱得动，抱着我走吧。"女儿抱住爸爸的大腿，撒起泼来。爸爸假装生气地看着她，说道："不听话爸爸要生气了。"

"就是，大孩子都是自己走路的，你看这街让有哪个孩子，像你这么大了还让爸爸妈妈抱着的。"妈妈把她拉到自己身边，指着马路上来来往往的行人说道："你看看，都是在自己走路。乖，牵着妈妈的手，咱们马上就能走到公园了。"

"不要，那爸爸背着我。那里就有个人在背小孩，爸爸背我。"女儿指着远处一对父子，突然改变了主意，爸爸觉得不能这么惯着孩子，就坚决地拒绝了女儿的要求，女儿见自己的要求不能得到满足，哇的一声哭了起来。

"哇……我要爸爸背，爸爸背着……哇……"

"宝贝乖，不哭，爸爸背着你多累啊，你愿意看到爸爸那么累吗？"妈妈弯下腰来哄她，她使劲摇头，任性地说道："呜……背，要爸爸背……着……"

"你再这样，爸爸可就真的生气了，妈妈也不管你了。"妈妈本是想吓唬一下她，可谁知道她听完后，竟然躺到马路上，打起滚来，说什么也哄不了。

"好了，好了，爸爸背你，背你还不行吗！"爸爸实在是受不了了，只好妥协一步，蹲下身背对着她说道："赶紧上来，要是再打滚，爸爸真不管你了。"

"呜……嗯……呜……"女儿边哭边爬了起来，不用妈妈扶，就趴到了爸爸的背上，小声哭泣着。

"哎……"爸爸妈妈纷纷叹气，真是个任性的小丫头，现在都这样，以后可怎么管教啊。

固执任性是孩子普遍存在的一种现象，而且已经是一个很严重的问题了。如果我们放任孩子的任性，将会影响他们的人际交往和生活。如：关心、谦让、助人、同情等。孩子任性还会影响成人、同伴对他们的评价，并由此影响他们自我意识的发展。任性的孩子通常借助在地上打滚、不停地哭闹、乱扔东西等行为来表现他们的情绪、要求与脾气。如果这些消极行为经常发生，就会强化他们的不良个性品质。同时，孩子任性时通常会伴随着烦躁、愤怒的情绪。一次情绪失控对身心影响不大，经常性的情绪失控，就会对健康产生较大的不利影响了。因此，家长可考虑一下几个教育方法。

1. 满足孩子的合理要求

如果不尊重孩子，不管他提的要求合不合理，有没有实现的可能，都予以否认，这样孩子的要求长期得不到满足，就会产生不满心理，产生对抗情绪，容易形成不服管教的性格，或是不敢提出正当的要求，一味地顺从大人，行为畏缩，胆小怕事，从而失去个性。

2. 不能无原则地迁就孩子

如果孩子的不合理要求常常可以通过哭闹、撒娇得到满足，渐渐地，孩子必然为所欲为，自私自利，任性蛮横。只有孩子得到尊重的同时你又不迁就他，孩子的心理才会健康发展，才能明白是非对错，使孩子既有鲜明的个性又不至于任意妄为。

3. 父母应以身作则

父母做到行为理智，讲原则，诚实守信。父母是孩子最好的老师，父母的一言一行都能对孩子起到潜移默化的作用，因此，父母首先要为孩子树立起好的榜样。同时，家长平时还要对孩子的行为要有明确的要求，如制定一些简单、明确的规则。规则一旦制定，就要坚决执行，以此来规范孩子的行为。

第六章

品德是培养孩子高情商的关键

　　品德是孩子立足社会的通行证。一个讲道德的人,人们愿意与他交往,这意味着他有更多的资源和机会,更容易成功。品德更是一个人素质中的核心部分,一个成功的人,大多是一个具有较高素养、品德高尚的人。一个品德低劣的人,本事越大,对社会的危害就越大。本章从社会公德、尊重、诚实、责任、守信、节俭、公正等方面内容入手,讲述了如何让孩子拥有更优秀的情商。

 **细节40：让孩子有社会公德心**

小男孩军军自从上了幼儿园，越来越讲卫生、懂礼貌了。吃饭的时候不小心打个喷嚏都会把脸转过去，要是旁边有纸巾或手帕，他还会用这些东西捂住嘴，绝不让自己影响到别人的用餐心情。

而且，当军军看到别人没把垃圾分类扔到垃圾箱里的时候，还会走过去帮他们把垃圾分类扔进去，并像个小大人一样，教育他人。爸爸妈妈看了，既欣慰又自豪。

周末的一天，邻居家的小孩笨笨来家里玩。笨笨有些感冒，不停地流鼻涕，军军见他总用衣服的袖口去擦鼻涕，很不卫生，连忙拿来纸巾，对他说："笨笨，用纸擦，我们要讲卫生的。"

笨笨憨憨地笑着接过纸巾，用力地擦了擦鼻子后，顺手就把纸扔在了身后的地上。

"笨笨，你怎么能乱扔垃圾？垃圾必须得扔到垃圾箱才行！"军军看不过去，提醒道。

笨笨脖子一歪，说道："我在家都是这样的。没关系，一会儿大人们就会收拾干净的！"

军军连忙摇头说道："把垃圾扔到垃圾箱是我们每个人应该做到的事情，爸爸说，这叫有公德心，难道你想做个缺德鬼？真是个笨蛋！白痴！"

被小伙伴这样教训，笨笨又气又羞，脸都红透了，半天才从嘴里蹦出个："你才缺德呢。"说完，一溜小跑就回自己家去了。

妈妈进来了解了一下情况，很认真地对军军说："军军，公德心可不仅仅体现在把垃圾扔到垃圾箱里。随便骂人，也是缺乏公德心的一种表现。"

"可他乱扔东西啊！我乱扔东西的时候，爸爸不是也会说我是笨蛋吗？"军军委屈地解释道。

"这个……"妈妈一时语塞。原来，军军的爸爸是个爱干净的人，看到周围脏乱差的时候心情就会变差，偶尔会骂人。军军听了几回，就学会了，以为爱干净、讲卫生就是有公德心，而骂人则无所谓，可以随便骂。

从小遵守社会公德是每个公民应尽的义务，也是一种美德。可如今，上下公交

车不讲秩序、公共场合里大声喧哗吵闹、在名胜古迹上乱涂乱画等行为仍不胜枚举，孩子缺乏公德心的问题已十分严重。

然而，孩子是一张白纸，最终有无公德都与周围环境有关，尤其与家长的教育方式、日常生活习惯等有密不可分的关系。所以，培养孩子的社会公德心，家长首先要检点自己的各种行为，不能成为孩子的反面教材。在此基础上，家长可采取以下方法加强对孩子的公德教育：

1. 教孩子记录自己成长的足迹

为培养孩子的公德心，家长可以帮孩子精心设计一个"成长的足迹"记事本，让他在平时生活中注意记录自己在爱心、公德心等方面的点滴进步，包括每一次帮助别人的行为、每一句安慰他人的话，等等。

除此之外，家长还可以多带孩子外出游览，并用相机拍下各地风光及周围人讲文明或缺乏公德心的行为，让孩子一一分析点评，并从中学会正确的处事方式。

2. 多鼓励孩子参加有意义的社会活动

在孩子逐渐有独立能力之后，家长可以积极创造条件，让孩子参与保护大自然、帮助老弱病残等的社会公益活动，使其在具体的实践活动及周围小朋友的影响下，慢慢学会遵守公共秩序、讲究公共卫生、尊老爱幼等。

3. 多陪孩子玩有关社会公德的角色情景游戏

生活中，许多年龄较小的孩子或许没有太多机会与能力参加各种社会活动。这时，家长可以陪同孩子在家玩角色情景游戏。

举个例子来说，家长可以和孩子一起玩《看电影》的游戏，将客厅当做小电影院，将电视看成是大银幕。电影开始，孩子和妈妈一起找位子坐下，爸爸则迟到了，挤来挤去地找自己的座位。这会让孩子感到不舒服，让他明白看电影时不可以随便迟到影响他人的观影心情。接下来，爸爸或妈妈可以扮演另一个看电影时不文明的观众，坐在孩子身边大声说话，或不停地吃东西，吵闹声让孩子听不清电影里的对白。这个情景体验会让孩子明白，看电影时大声说话、吃东西，都是缺乏公德心的表现，会妨碍别人。

 **细节 41： 让孩子明白，要想获得尊重先要尊重他人**

家里有几位朋友来做客，妈妈忙出忙进地招呼着自己的朋友，儿子小周便觉得妈妈忽略了他的存在，就开始找事了。

"妈妈，我要喝牛奶。"妈妈刚和朋友聊了两句，小周就跑过来摇着她的胳膊并指着冰箱说道。

"周周，牛奶热好了，快来喝。"妈妈端着热好的牛奶走回客厅，以为儿子一定会开心地接过来，并感谢她。可不料想，小周仰脖把牛奶喝下去后，嘴一抹，不客气地说："妈妈，我要吃烤面包。快点快点，帮我烤面包吃嘛。"

"妈妈正忙着呢，待会儿行不行？"妈妈抱歉地对朋友们笑了笑，又对小周说，"你看阿姨们都在等着和妈妈说话，等妈妈说完话，再帮你弄吃的好吧？"

"不行不行，我就要现在吃，不要等！"小周开始吵闹起来，就差没在地上打滚了。

妈妈觉得有些丢脸，就弯下腰想制止他的无礼行为，可小周却突然从地上坐起来，指着妈妈大声喊道："你闭嘴！"

妈妈吓了一大跳，心想，儿子竟然这么和自己说话，一点也不尊重别人，那她也就不用好好和儿子说话了。

于是，妈妈用手叉着腰，面对着小周愤怒地说道："你才应该闭嘴。本来妈妈还觉得你是个大孩子了，想多尊重你的想法，现在看来，是妈妈太惯着你了。不会尊重别人的孩子，也不需要得到别人的尊重！"

小周吓得说不出话来，愣了两秒后便哇哇哭了出来："妈妈凶我，呜……"

人们常常会提到这样一句名言：自尊的人懂得尊重他人，因为他知道要赢得他人的尊重，首先要尊重他人。

孩子都渴望被人喜爱、受人尊重，但想要得到，首先应懂得付出。在成长的过程中，孩子若想获得他人的尊重，首先就应学着尊重他人。为此，家长必须担负起重任，从多方面入手教孩子学会尊重。

1. 培养孩子尊敬父母

很多孩子不懂得尊重他人，最明显的表现是不尊敬父母，如恶意顶撞父母、对其诸多挑剔、做任何事都讨价还价等。所以，教孩子学会尊重，家长首先要让孩子知道父母是长辈，若要求孩子做什么事，应简单对其发出指令或告诉他相应的要求，不能和他讨价还价。否则，家长不能坚持自己的立场，时常对孩子妥协，这会让孩子认为任何事只要自己能吵能闹，就能达成愿望，从而养成他不尊重家长的坏习惯。

另外，平时生活中，家长不能过多地向孩子抱怨周围其他人，尤其是长辈，这会让孩子误认为：父母都可以随便说别人的不是，那我不尊重长辈也是可以的。

2. 要求孩子用尊重的语气和别人说话

有时，孩子大吵大闹，家长会认为这是发泄情绪的一个手段，是其自我表达意识较强的正常表现。殊不知，孩子在最初顶撞大人或大吵大闹时，心中会有一定的愧疚感，但若家长长期对此行为置之不理，孩子就会渐渐失去愧疚感，甚至认为自己的做法理所当然，根本没有影响到别人。

因此，要让孩子学会尊重他人，家长就应时刻要求孩子用尊重的语气和别人说话，让他多用礼貌用语，说错话、做错事后要让他真诚地向对方道歉。不仅如此，家长还应让孩子自己承担不尊重他人的后果，如孩子对某位长辈出言不逊，家长可以告诉他"因为你刚才的态度有问题，今天晚上不能看电视，也不能玩游戏"。

 **细节 42：诚实的品质，让孩子受益一生**

小玲不小心把家里的碗打碎了，妈妈闻声而来，看到地上的碎片后问小玲："这是怎么回事？"

"我……我手滑了。"小玲想起学校里老师教过，犯了错就要老实交待，这样才会被原谅，才是诚实可信的好孩子。于是，她马上坦白了自己的"罪行"。

但事实却和老师说的不一样，妈妈非但没有原谅她，反而很生气地教训起了她。

妈妈说："谁让你进厨房的，不是告诉你不要乱碰东西吗？笨手笨脚的，真是一点用也没有。"说完后，就叹着气拿来工具开始收拾碎碗片。

小玲在一旁站着，委屈地眼泪都快掉出来了。她开始想，诚实真的是对的吗？如果以后再碰到这种事情，是不是说谎会比较好？妈妈收拾完东西后，见她还站在厨房发呆，便生气地问："你怎么还站在那里，快过来让妈妈看看，有没有受伤。以后不准再随便乱动东西了，听到没？"

"哦，嗯！可是……"小玲欲言又止。

妈妈见她这么奇怪，就又问："到底怎么了？"

"妈妈……您为什么……？"

"为什么什么？"

"我……我都已经诚实地承认了自己的错误，您为什么不夸奖我，还骂我。"小玲忍不住说道，"早知道这样会挨骂，我就说谎了。"

妈妈听完后，心里一惊，突然觉得自己刚才的做法是不对的，于是赶紧走到小玲身边说："对不起，是妈妈不好，妈妈刚才只顾着着急了，没考虑到你的感受和用心，是妈妈的错。小玲是个诚实的好孩子，妈妈感到很欣慰，以后再也不会这样了。小玲不要生气了，好不好？""真的吗？妈妈不再生我气了？"小玲明亮的眼睛一眨一眨地看向妈妈。

妈妈用力点点头，说道："小玲诚实地说出了事情的真相，妈妈没理由生气了。如果小玲以后一直这么诚实，妈妈会更高兴的。"

"没问题，老师说诚实是优良品质，我们必须保持。"小玲信誓旦旦地对妈妈说道，"我一定会继续做诚实的好孩子的。"

正如小玲所言，诚实是孩子们应具备的优良品质，是做人的基本准则之一。儿童心理学家研究发现，喜欢说谎的孩子长大后往往个性敏感、多疑，很难真正信任别人。

生活中，人与人之间若失去了基本的信任，不仅双方的友好关系难以维持，每个人的交际圈子也会变得越来越狭小，成功实现目标的可能性也会随之减小。可见，幼年时的行为习惯对一个人的一生都有着十分重要的影响。因此，作为家长，为了养成孩子诚实的优秀品质，就应努力做到以下几点：

1. 时刻注意营造轻松、和谐、民主的家庭氛围

在教育孩子的过程中，有些家长太过严厉，经常因一点小事批评、责骂甚至打孩子，这会让孩子处于害怕、畏惧的心理状态，尤其在犯错后，他会因害怕被打骂而选择用说谎掩饰过错。

所以，为避免孩子在做错事后用说谎来逃避，家长应在平时生活中注意营造轻松、和谐、民主的家庭氛围，要时常和孩子进行平等的交流沟通，让他感受到来自家长的爱与关怀，而不仅仅是批评与责骂。这样，孩子就会越来越信任家长，也会愿意将自己内心最真实的想法告诉家长。

2. 给孩子制定一些规则并严格要求他去执行

家长应尽早制定孩子需遵守的一些规则,如未经别人同意不能将他的东西随便拿回家,否则就是"偷窃";犯了错误千万不能说谎逃避,否则就是不诚实,且容易一错再错;答应别人的事一定要尽快想办法办好,否则就是不守信用,会遭人唾弃等。

当孩子清楚这些规则后,家长应严格要求他去执行,且不能朝令夕改。在此过程中,孩子做错事但却诚实地说出真相后,家长应立马给予其肯定的评价,尽量不对其横加指责。

3. 通过讲故事让孩子明白诚实的重要性

平时生活中,家长要经常用讲道理的方式,让孩子懂得诚实对自己人生的重要意义,而非只在孩子说谎、做错事后对其大加斥责。

孩子年龄小,在讲道理时,为了让他更好地理解,家长可以利用形象化的漫画或趣味化的故事,向其传达诚实的真正含义,并告诉他什么是虚假和欺骗,自己应该做什么、不该做什么等。

细节43:如何培养一个明辨是非的孩子

有个小男孩陪爷爷去医院去检查身体,爷爷心疼打车钱,毅然决然地拉着孙子去挤公交车。公交车上的人不少,座无虚席。小男孩扶着爷爷慢慢挤上车,好不容易看到一个空座位,便高兴地对爷爷说:"爷爷,那里有个座位。"

"嗯,那咱们就坐在那里,爷爷抱着你,好不好?"

"嗯,好。"爷爷微笑着点点头。爷孙俩穿过几个人,向空着的座位走过去,就在还差一步的时候,突然有个中年妇女窜了过去,猛的坐在那个座位上。

"哎呀,累死我了。"中年妇女无视失落地站在一旁的爷孙俩,自己舒服地坐着。

旁边一个年轻女子看不过去,主动让出了座位,让爷孙俩坐了下来。

后来,在医院进行例行检查的时候,爷爷问孙子:"刚才在公交车上,你觉得那个阿姨做的对吗?"

"当然不对。"孙子不甘心地回答道,"太气人了!"

"哪里气人了?"爷爷继续问。

"那个阿姨很没有礼貌啊。"孙子理直气壮地说。但当爷爷问他,为什么阿姨那样做就是没礼貌时,孙子答不上来了。

爷爷告诉他:"因为她没有尊重老人啊。尊老爱幼是我们中华民族的传统,今后你要慢慢从这些小事中学会分辨事非。懂了吗?"

"虽然不太懂,但我会照着爷爷说的去做的。"孙子笑道。爷爷欣慰地拍了拍他的肩膀。

孩子小的时候,对很多事物的认识还不深刻,判断其是非的能力也比较差,而且常常单纯将家长对待事物的态度、情绪等作为自己的判定标准。但随着孩子年龄的不断增长,他所接触的人和事都越来越多,而他要顺利周旋于这些人和事之间,要建立良好的人际关系,要成功实现自己的各种目标,就必须学会明辨是非。

明辨是非的孩子,无论走到何地都会受人欢迎,反之则会惹人讨厌。所以,为了让孩子变得知书达理,家长应从生活中的点点滴滴入手,从小告诉孩子什么是好的什么是不好的,让孩子学会明确分辨是非好坏。具体来说,家长可选用以下方法教孩子明辨是非:

1. 及早为宝宝统一生活琐事的是非标准

在家庭中,父母及其他家人都应在生活的方方面面上取得共识,行动也要一致,要让孩子清除地意识到哪些事情应该怎样做。比如,家长可以在孩子的饮食、睡眠、卫生等方面建立良好的制度,让孩子"照章行事"。如果孩子拒不执行或以哭闹的方式来反抗,家长不能迁就他,不能因一时心软而向他妥协,而是应坚持自己的是非标准,让孩子真正明白自己这样做是不对的。

2. 让孩子走入社会,在实践中学会明辨是非

上述故事中的小男孩,因与爷爷一起坐公交车,并仔细观察、客观评价车上一些人的行为而认识到什么是对的什么是错的。不仅如此,他还在随后发生的事情中很好地展现了自己明辨是非的能力。

从医院出来后,小男孩和爷爷去路边打车。但下雨天是很难叫到出租车的,爷孙俩等了很久,才看见一辆空车,赶紧招手。车停在了离他们不远的地方,爷孙俩刚要走过去,一位中年男士先他们一步,钻进了车里。

"你这个人怎么这么不讲理,没看见是我们先招手的吗?"爷爷生气地走到车边,和那位男士争执了起来。

中年男士觉得车是停在自己旁边的,自己先上没什么错误,而爷爷却坚持是自己招手的,两个人争执不休。这时候,小男孩拉拉爷爷的衣角,小声说道:"爷爷,

这回就是你不对了。"

"啊?怎么是我不对呢。"

"确实是这位叔叔先上的车,我们不该和他争。"孙子有板有眼地教训起爷爷来。

"我……"爷爷哑口无言,冷静下来想想后,他也觉得孙子说的没错。

"你们去哪里,要是顺路的话,一起坐吧。"车里的那位男士突然开口了,还不好意思地笑道,"连小孩子都这么说了,我也不能太过分。就这么着,一起走吧!"

"谢谢,谢谢!"爷爷连连道谢,三个人全都上了出租车,高高兴兴地上了路。

平时生活中,家长应多带孩子外出活动,让他在与人交往或参与其他社会活动的过程中学会礼貌言行,并逐渐对事物的是非好坏有自己的评判标准。

细节44:让孩子成为一个有责任心的人

小男孩俊虎的妈妈因为要出门买晚上做饭用的食材,所以让儿子帮忙看着正在接水的洗衣机,如果水满了,就及时把水笼头关掉,以免水溢出来,流得到处都是。

"儿子,听明白没有?要先关掉这里,然后再关这里。"妈妈怕俊虎不会用洗衣机,特意示范了一遍。

俊虎认真地记下了每一个步骤,郑重地点头说:"放心吧,妈妈,我都记住了,绝对不会出问题的。"

"真是乖儿子,那妈妈出去了。一定别忘了时间,10分钟之后就关掉哦!"妈妈又叮嘱了一遍,见俊虎信心满满地点头,这才出了门。

一开始,俊虎每隔一分钟就去洗衣机旁看一次,看了两次之后,他发现洗衣机里的水还很少,就松懈下来了。他觉得剩下的8分钟也算是挺长一段时间,就拿着自己新买的玩具去楼下和几个小朋友一起玩儿。结果这一去,他们玩得入了迷,就忘记了时间。

当俊虎终于想起洗衣机的事情的时候,他从惊叫了一声,顾不得拿自己的玩具,就往家里跑,边跑还边喊:"哎呀,坏了!"

俊虎气喘吁吁地跑回家,妈妈已经回来了,她正在费力地用拖把吸着溢了满屋子的水。

"妈妈,我……"俊虎低着头走到妈妈身边,不敢看妈妈的脸。

妈妈看了他一眼,然后问:"能告诉妈妈这是怎么回事吗?"

"我……我看时间还长,就出去玩了一会儿,不小心忘了时间。"

"妈妈不是再三叮嘱你了,你也答应妈妈不会出差错啊。你连这点责任心都没有吗?"妈妈生气地问。

他赶紧抬起头来回答道:"我当然有责任心,只是……"

"可结果不是这样的,你要怎么办?能为这件事负责吗?"妈妈不紧不慢地问道。

"我……能!"俊虎挺起胸脯,认真地回答道,"妈妈,我做的错事我肯定会负责,所以你去一边休息吧,这些水我来收拾,保证一会儿就会收拾干净的。"

"那这些水呢?就白流了吗?水也要用钱买的呀!"妈妈对俊虎的回答还是不太满意,于是追问道。

俊虎的脸刷的一下变红了,想说什么却说不出话来,最后只好问妈妈:"那该怎么办?"

"这样吧,从今天开始,这周洗碗你包了,怎么样?就当将功抵过。"妈妈提议道。

俊虎想了想,虽然有些不乐意,但毕竟是自己有错在先,只好点头答应了,并说:"妈妈你放心,我一定会对这件事负责的。我要让你和爸爸知道,我是个有责任心的好孩子。"

一个有责任心的人,会对家庭、对事业、对社会及他人负责,会获得别人的尊重与信赖,也会在自己前进的道路上赢得更多成功。尤其对小孩子而言,责任感更是推动其不断奋进的内在动力。所以,在孩子成长的过程中,家长应尽早注意培养他的责任感,让他养成对自己的行为负责的好习惯,具体方法可参考以下几种:

1. 适时交给孩子不同的劳动任务

通常情况下,孩子在幼儿阶段就会出现各种主动尝试劳动的习惯,如要求自己穿衣洗澡、自己整理房间、清洁餐具等,这些都是其责任心的萌芽。要培养孩子的责任心,家长就应重视孩子这些主动尝试的愿望,抓住机会给他分配适量的劳动任务,让他在得到锻炼的同时,明白每个人都需要承担一定的劳动责任。

在给孩子分配劳动任务时,家长还可与其订立相应的责任合同,让孩子更加清楚自己该做什么、怎样做,做不到将会受到哪些惩罚等。这样有助于督促孩子将某件事负责到底,而不是半途而废或没有负起全部的责任。

2. 让孩子学会检讨，并设法补救自己的过失

孩子损坏别人的东西，或造成其他不良后果，家长一定要让孩子想办法补救，要让他知道，自己造成的不良后果，就必须自己去负责。

细节45：羞耻心，孩子洁身自好的细节

女儿很久没有尿床了，可是今天早上，女儿低着头小步跑出房间，偷偷拽拽妈妈的衣角小声说道："妈妈，发生了一件不好的事情。"

"怎么了？"妈妈弯腰想要抱她，可她退后了一步，双腿紧紧夹在一起，小脸通红。妈妈感到疑惑，就问："怎么了，想去厕所了吗？"

女儿一听厕所两个字，脸更红了，双手放在身前搓了又搓，终于很小声地说道："我……尿床了。"

"啊？"妈妈愣了一下后，噗嗤一声笑了出来，开玩笑道："你都多大了，还尿床，隔壁上幼儿园的小朋友都不尿床了。"

女儿的脸通红，拉着妈妈的衣角往房间走，妈妈边笑边走了进去，帮她把湿被子收起来后说道："妈妈帮你拿出去晒晒，快把湿衣服也换了吧。"

原来，刚才女儿一直夹腿不让妈妈碰，是因为裤子湿了，很不舒服。

女儿点了下头，妈妈抱着被子笑着出了门。

"小李啊，晒被子？"有邻居看到了，问道。

妈妈便把女儿尿床的事当成笑话，讲给邻居听，邻居听了，也笑了起来，正好女儿换好衣服走了出来，邻居便对她说："看个子挺大，原来还是个小娃娃啊。"

女儿马上就明白是在说她尿床的事儿，小脸瞬间变得通红，小嘴撅了起来，转个身就跑回了家。

妈妈以为女儿害羞了，便笑了笑没有在意。可事后好几天，女儿都对妈妈爱搭不理的，明显还在生气，妈妈这才意识到女儿是真的生气了。

向朋友抱怨这件事的时候，朋友对她说："这是孩子的'羞耻心'导致的，以后不要随便在背后说孩子的糗事了。"

"羞耻心？"妈妈感觉很不可思议，难道一个小孩子就会有这么强烈的羞耻感？

孩子的羞耻心是在自我意识的发展过程中产生的，是一种以自尊心为基础的道德情感，也是影响一个人行为品德好坏的内在因素之一。

在3岁以后，孩子便开始意识到了自己，就需要别人承认他的人格。这时孩子开始懂得因做了大人不满意的事而感到羞愧，但这种羞愧只有在成人的刺激下才会出现。到5岁左右，就不需要成人的刺激而能独立地表现出羞耻心了。6-12岁的孩子，随着生活面的扩展，自尊心愈加明确，羞辱感也越来越强烈。

父母要善于观察、分析孩子羞耻心的产生与发展，并因势利导地进行教育。在孩子做错了事时，要善于运用他们的羞耻心，去激发他们的歉然、反悔的情绪体验，动之以情，晓之以理，导之以行，培养和爱护孩子的人格及自尊心。有的孩子做了错事，要求父母"保密"，家长应理解和保护这种正常而脆弱的羞耻心，切忌挖苦、讽刺、羞辱，甚至体罚，因为那样会使孩子幼小的心灵受到创伤，久而久之，会使他们的羞耻心逐渐淡化和泯灭，或者走向极端：对自己的不良行为习以为常，那就什么羞耻事都会干出来了；或在极度羞辱的情况下，成为胆小自卑、拘谨的人。

1. 爱护孩子羞耻心的幼芽

家长应当理解孩子的心情，"羞耻之心，人皆有之"，该讲的要讲，该"保密"的要"保密"，珍惜和保护孩子的这棵羞耻心的幼芽。赞许有助于树立孩子的自信心和自尊心。

2. 通过具体事例，进行情感转移，引发羞耻心

当孩子损害他人或集体的事时，可引导他们换位思考，进行情感转移，是他们产生羞耻的情感体验。让孩子多同小伙伴交往，可使他们的羞耻心在同伴的舆论中得到深化。

3. 预防孩子的羞耻心出现"负面效果"

羞耻心有时也能带来某些消极的影响。因此，要使孩子具有健康的羞耻心，必须提高他们的自我评价能力和自我教育能力，这些能力是发展孩子自我意识和形成优良个性品质的重要条件，从而使其形成正确的是非观念，防止种种因羞耻心而引起的"负面效应"。

细节46：引导孩子懂得守信重诺

妈妈这两天发现儿子毛毛身上有些不太好的现象。比如，说话不算数。明明说好了要每天帮忙扔垃圾下楼，可他每次一到扔垃圾的时候，就推脱，不是有事，就

是没空。总之，完全不遵守自己的许下的承诺。

妈妈觉得这样不行，就想了个方法，纠正一下他这个坏毛病。

毛毛最喜欢看带图画的故事书，妈妈就迎合他，拿来一本童话书，读起了上面的故事："在一个寒冷的冬夜里，有个浑身脏兮兮的小男孩正在卖报纸，他手里还有最后一份报纸，卖完这份报纸，他就可以回到家里和父母团聚了。可是在这么冷的夜里，街上已经基本没有行人了。小男孩在大街上转了很久，才看见一位先生，他赶紧跑了过去，请求先生买他的报纸。可是先生说，我没有零钱，不能买。小男孩马上说要帮那位先生换零钱，先生先是犹豫了一下，看他挺可怜的，就想着，做一回好事吧，便把钱给了他，没等男孩找回零钱，就回家去了。这位先生本来不期盼着男孩能找回零钱，可是第三天的时候，他却发现，男孩在上次遇到他的位置上站着，看到他后，赶紧跑了过来，把一堆零钱塞进了他的手里。原来，男孩已经在这里等了三天了。先生感动的紧紧抱住了男孩，在以后的日子里，他总会来男孩这里，买上一份报纸。"

毛毛仔细地听完妈妈讲的故事后，小声问道："妈妈，这个男孩为什么这么傻呢？"

"为什么说他傻？"妈妈问。

"妈妈你看，他这么大半夜还在卖报纸，说明他家里很穷啊，为什么还会连等三天，把钱还给那个男人呢，他应该自己用那些钱买好吃的东西去。"毛毛答道。

妈妈见机会来了，便认真地对他说："因为男孩是个守信重诺的好孩子。他答应了会找零钱给那位先生，他就一定要做到，这是做人的根本。"

"答应别人的一定要做到吗？"儿子问。

"当然。就像你答应妈妈每天扔垃圾一样，君子一言，驷马难追，你应该说到做到，这样才能成长为能让人信任和重视的人。"

"……"毛毛想了想，突然不好意思地嘿嘿笑了起来，对妈妈说："妈妈，我今天会去扔垃圾的。答应妈妈的，毛毛也一定会努力做到的。"

"这才是妈妈的好儿子。那我们继续读故事吧。"

"好的，妈妈。"母子俩开心地读起了下一个故事。

信字，左边一个人，右边一个言，表示话说出去之后就一定要遵守。我们经常听到的格言如"一诺千金""一言九鼎""一言既出，驷马难追"等，都显出老祖宗重视做人的态度。

因此，与人合作，一个基本前提就是要守信用。守信之人，别人就愿意与他合作。但是，孩子为什么会不守信用呢？主要有以下几个原因。

孩子缺乏责任感，做事情马虎。孩子也许口头上答应了一些事情，实际上并没把事情真正放在心里，说过的话自己也忘记了，没有养成认真仔细的好习惯，总是丢三落四，自己也糊里糊涂的，所以才常常失信于人。孩子因为年龄比较小，自觉性较差，对自己应该担负的责任没有明确的概念，常常会凭着感觉做事情，对自己的一言一行代表着什么不是很清楚，行动的随意性很大，经常会"自说自话"。

孩子在模仿别人的行为。如果在孩子的身边，有人经常不守信用，乱开"空头支票"，或者说话不算数，或者借了人家的东西不及时归还，或者答应别人的事总是做不到，都会给孩子造成不良的影响：如果这些不守信用的的人在孩子的眼睛里"没有受到什么惩罚，不需要负什么责任"，孩子就会认同他们的做法。

父母要使孩子认识到守信是优良品德，失信是不道德的行为，培养孩子守信的习惯可从以下几方面着手。

首先，家长要帮助孩子实现"说话算数"，如：孩子答应给小朋友带一本动画书，家长就要提醒孩子，尽可能帮助孩子赢得守信的形象。

其次，家长是孩子的榜样，在生活中家长不要给孩子太多承诺，但是一旦承诺就必须兑现。如果实在无法兑现的事情就要向孩子讲明理由，并向孩子道歉。

最后，要求孩子对自己的言行负责，不要信口开河，随意许诺而无法兑现。还要经常给孩子讲一些关于守信的故事。

细节47：让孩子明白节俭是美德

女儿肖肖是个花钱大手大脚的主儿，不管爸爸妈妈怎么说她，她都控制不了自己花钱的欲望。她对爸爸说："爸爸，你和妈妈每个月上上班就有钱挣了，我只花了一点点，不严重的。"

爸爸妈妈听了，十分的无语，想改变她这个想法，又不知道用什么方法才合适。正巧这个时候，乡下的奶奶想孙女了，但身体又不太好，不能亲自来城里，爸爸就带着女儿回到了老家，想让奶奶帮忙教育一下她。

"爸爸，这个东西城里都没有，咱们买下来吧。"

"爸爸，爸爸，这个烤地瓜比咱们那的好吃多了，我要多买点回去吃。"

"爸爸，快给我钱，我要买……"

培养孩子高情商的100个细节

刚下乡，还没走到奶奶家门口，肖肖就被车站一条街上的各种商品吸引住了，看看这个家里没有，瞧瞧那个自己很喜欢，就缠着爸爸买给自己。

这时候，奶奶来车站接他们，正好瞧见了这一幕。奶奶对肖肖说："肖肖，要吃什么奶奶家都有，钱可不能乱花，爸爸妈妈挣钱很不容易的。"

"不要嘛，我每天上学的时候，爸爸妈妈就把钱挣回来了。"肖肖回答道。

爸爸叹一口气，说道："哪那么容易，你在认真上学，爸爸妈妈可是在卖力工作，才能挣到钱。"

"就是啊。爸爸妈妈挣钱很辛苦的。"奶奶附和道。

肖肖还是不能体会挣钱的困难，奶奶想了想，对肖肖说："肖肖，奶奶家也有地瓜，你不是觉得挣钱很容易吗？我们把地瓜烤熟，拿出来卖，怎么样？"

"好啊，肯定能卖很多钱的。"肖肖很高兴地答应了下来，她一定证明给奶奶看，挣钱是多少容易的一件事。

可是当肖肖和奶奶一起带着几块地瓜来到车站一条街的时候，两三个小时过去了，只有几个人来问价格，问完就走，根本没有一个人要来买，她灰心丧气的垂下了头，对奶奶说："奶奶，为什么我们的地瓜卖不出去呢？"

奶奶不答反问："那你看见对面卖地瓜的人，卖掉多少没？"

肖肖当然有留意过，对面是专业卖地瓜的，比他们的要好很多，可就是这样，对面也才卖出去三四块而已，根本攒不下多少钱。

"挣钱真的好难啊。"肖肖终于发出了感叹。

奶奶连连点头，对她说："对啊，挣钱真的是很辛苦的事情。所以，为了不让爸爸妈妈更辛苦，我们是不是应该节俭一些呢？"

"奶奶，我懂了，以后我再也不乱花钱了。"肖肖听了奶奶的话后，认真地点头说道，奶奶欣慰地笑了。

现在的孩子多是独生子女，家庭物质生活较优越。帮助她们养成节约的好习惯，首先是要为他们创设一定的情景，让孩子对节约有一定的亲身体验和感受，从而调动起孩子们节约的内在需求。

1. 教育孩子正确认识钱

要让孩子从小懂得钱是什么，钱是怎么来的，怎样对待钱是对的，不义之财绝不可取。对于年龄小的孩子，应联系实际生活给孩子讲解，多引用一些事例。年龄大的孩子，可以跟他专门讨论钱的问题。

2. 教孩子学会花钱

孩子消费行为是由被动逐步走向主动的，从小学低年级开始，就应教孩子买东西，如何用钱，如何找钱，如何选择物有所值的物品。教孩子把钱保管好，防止丢失、被窃。随着年级升高，要让孩子学会先认真思考再花钱，而且逐渐养成习惯，避免盲目消费。有些家长让孩子"一日当家""一周当家""记收支账"，是教孩子学会理财培养节俭品质的好方法。

3. 教孩子学会储蓄

孩子手里的零用钱、压岁钱应计划使用，适当积累。必需的东西才买，可买可不买的不买，把剩余的钱存起来。在教孩子存钱、用钱的过程中，培养节俭的好品质。

细节48：让孩子成为一个坚持公平公正的人

蔡蔡和表姐的生日相隔没有两天，提前一周，妈妈就买好了给蔡蔡的生日礼物，送给了她，是一个漂亮的芭比娃娃，蔡蔡十分喜欢这个娃娃，每天晚上睡觉前都要和她说几句话，心情好的时候，还在自己枕边铺上一张小床，让娃娃睡在自己枕边。

但是妈妈却把蔡蔡表姐的生日给忘了，当想起来的时候，已经没时间去买挑选礼物了，妈妈就来和蔡蔡商量，"蔡蔡，把你的娃娃先送给表姐好不好，明天妈妈再带你去买更好的。"

蔡蔡不乐意，摇着头说道："我很喜欢她的，妈妈不要送给表姐。"

"妈妈明天帮你再买个一模一样的，今天真没有时间去挑选礼物了，行吗？"妈妈继续和她商量道。

蔡蔡还是不同意，生气地撅起了嘴。

妈妈见她这么不通情达理，也生气了，风风火火地跑到超市，随便选了一个毛绒玩具就要带去表姐家。

当蔡蔡看到那个毛绒玩具时，眼睛一亮，连忙冲过去抱住妈妈说道："妈妈，把芭比送给表姐，我留下这个玩具好不好？"

"为什么？"妈妈问。

培养孩子高情商的100个细节

"我喜欢这个玩具，毛绒绒的好可爱。"她央求道："妈妈，就换一下吧，我真的很喜欢这个玩具。"

"刚才我要先用你的芭比你都不同意，妈妈现在也不同意和你换玩具。"妈妈虽然很想顺女儿的意把玩具给她，但又想到万一以后女儿认为自己是特殊的，想要的都能得到怎么办。她得告诉女儿人和人是平等的，不管做什么事情都得公平、公正的进行。

她对蔡蔡说："不管是我还是你都没有特权，这件礼物是买给你表姐的，自然应该送给她，而且一开始你就不同意换礼物，那妈妈公平起见也不会答应和你换礼物的。"

蔡蔡眼里噙着泪花，半天说不出话来。虽然妈妈讲的公平她还不太明白，但她知道，妈妈是真的不会答应她的要求了。如果当初自己答应了妈妈的要求该多好，看来，还是自己身上出了问题。蔡蔡这样想着，便不再觉得委屈了，虽然不开心，但还是跟着妈妈一起去庆祝表姐的生日了。

生活中，孩子会遇到一些真正不公平的事情，遇到这种情况，父母都希望自己的孩子有能力自己解决这个问题。但是，最初孩子还是非常需要父母的鼓励和帮助的，这样，他才能有正确的公平意识，并且会为自己争取到公正的待遇。因此，家长需要从以下角度入手，培养孩子公平公正解决问题的能力。

1. **认同孩子的感受**

这样能够使他明白父母很关心和在意他的感觉，从而使他以后更能认真倾听你所说的话了。然后问他："发生了这样的事情，你觉得你该做些什么呢？"很多孩子都可能回答'不知道'。即便是这样，父母也要让他知道父母相信他自己能够应付这个局面，相信他有能力解决这个问题。再问他："你想听听我的想法和建议吗？"多数孩子听到父母这么问，都会回答："想听。"

2. **给孩子几个方案供选择**

父母可以给孩子提供几种解决问题的办法。然后问他："你觉得这些办法怎么样？觉得哪一个能对你有所帮助呢？"一旦他选择了其中的一个方案，那么你就问问他："你能告诉我按这个办法你该怎么去做呢？"

3. **如果你的孩子没有选择任何一种办法，那么你也不要再给他提供其他的建议**

如果你又告诉他一些方法，那么他就会觉得自己象一个局外人，不需要采取任何行动，只要看着父母把事情处理好就行了。其结果是孩子不仅失去了自信,也失去了争取公正的能力。因此,父母最好坚决表示相信孩子自己有能力解决这个问题,这样,就能把他培养成一个知道该如何为自己争取公正的孩子。

细节49:让孩子学会帮助他人

刘立是一群孩子们的头儿,每天带着这群孩子们到处疯玩,父母见他们也没做什么坏事,也就任凭他们玩闹了。

但是最近,这群孩子中加入了一个性格比较内向的孩子,因为说话结巴,经常被小朋友们嘲笑,刘立就经常带头欺负他,还给他取了个外号叫"小结巴。"

"小结巴,今天吃饭没?"

"吃,吃,吃了……"

"小结巴,小结巴,吃,吃,吃了……哈哈哈……"一群孩子围着小结巴又是讽刺又是嘲笑。

妈妈知道这件事后,对刘立说:"你这样做不好,你是孩子们的头儿,应该带着大家帮助弱小同伴,而不是欺负他。"

刘立却不以为意,轻松地说道:"逗他好玩嘛。"

妈妈说了几次,他都不听,只好摇着头走开了。

第二天,妈妈回来的时候,带回来一只流浪猫,脏兮兮的,十分瘦弱,只有巴掌那么大点,刘立回来看见后,很心疼地看着小猫对妈妈说:"妈妈,它好可怜,我们该怎么帮它,它才能健康的长大呢?"

妈妈没想到,爱欺负小伙伴的儿子竟然还这么有同情心,便想着趁此良机,让儿子学会帮助弱小。

她对儿子说:"小猫现在还比较虚弱,如果我们好好照顾它的话,它一定会变健康,长成大个子的。现在这只小猫呀,就像那个说话结巴的孩子一样,没有咱们的帮助,是行不通的。"

"是吗?原来小结巴也和小猫一样可怜啊,我真的可以帮助他吗?"儿子说道。

妈妈点点头,夸张地对他说道:"当然能,只要你带头不再欺负他,大家多帮他练习说话,没准连他结巴的毛病都能纠正过来呢。那时候,你们可就是大英雄了!"

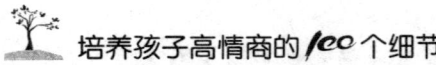

儿子听了，眼睛一亮，连忙站起来跑了出去，"我现在就去召集，明天开始，我们帮小结巴改掉结巴的毛病。"

刘立的故事正体现了孩子从爱欺负人转变为助人为乐的过程，这其中，刘立妈妈有着很大的功劳，正是在她的教育下，刘立才出现了可喜的转变。这种良好的教育方式值得我们借鉴。

1. 让孩子学习帮助人的技巧

向孩子讲述、示范哪些行为、表情是他人寻求帮助的信号，教孩子首先认识他人的需要。告诉孩子如何调节自己的行为以不妨碍他人，如何与他人友好相处与合作。给孩子提供练习和实践的机会，教孩子如何正确表达关心及向别人提供帮助。鼓励孩子自己寻找办法，培养孩子的勇气、信心和爱心。

2. 对孩子的自私行为做适当的惩罚

第一种方法，是剥夺孩子不正当手段得来的东西。如孩子抢夺了他人的玩具，就拿走他抢到的玩具，立即清楚明白地告诉他大家的不满，使孩子明白自己不良行为和后果。

第二种方法，是对孩子轻微的不良行为可以采取"冷处理"原则，假装视而不见，这个方法在前文已经讲过。需要注意的是，当孩子做出恶劣的行为时，要立即制止并表明自己的态度，并用"完全收回爱"的方法对孩子进行惩罚，即对孩子不再予以理睬、暂时让他感到不再爱护他，直到孩子愿意认错并道歉。在惩罚之前或之后，一定要给孩子讲明"为什么"和"以后应怎么做"。

第七章

爱的教育，教孩子爱自己也爱他人

　　爱，是世间最美好的词汇。在生活中，一个亲切的问候，一个真诚的微笑，都在传递着爱的真谛。爱，无处不在，无时不有，爱的教育也是孩子情商教育的基础，更是孩子日后成才的前提。在本章中，我们给家长朋友们详细介绍了如何让孩子学会爱，让孩子学会感恩，让他们珍惜友情，正视爱情，以及如何参加公益慈善活动。

第七章 爱的教育，教孩子爱自己也爱他人

 **细节 50：想让孩子学会爱，首先得给孩子爱**

妈妈生病了，难受地躺在床上，可蒙蒙却不知道心疼妈妈，拿着童话书非要让妈妈给自己讲故事听。爸爸看见了，就对蒙蒙说："蒙蒙，妈妈生病了，我们不要打扰她。"

蒙蒙歪着脑袋看向爸爸，问道："妈妈生病了也可以给蒙蒙讲故事啊，蒙蒙听了故事高兴了，妈妈的病就会好起来的。"

爸爸听了哭笑不得，这是谁灌输给女儿的不健康思想？

蒙蒙见爸爸不说话，便又去纠缠妈妈，让她给自己讲故事。妈妈这个时候只想好好休息一会儿，哪有工夫理她，便轻声对她说道："蒙蒙乖，等妈妈好了，再给你讲故事。"

"蒙蒙过来，看爸爸给你拿好吃的来了。"为了转移蒙蒙的注意力，爸爸打算使用美食计，可当蒙蒙把零食吃完后注意力又回到讲故事上了。

爸爸没办法，只好对蒙蒙说："爸爸来帮你讲吧。"

"不要，爸爸讲的故事一点也不好听。"蒙蒙捂住童话书拒绝了爸爸的要求，一路小跑着又来到了妈妈的床边，用力摇着她的胳膊说道："妈妈，妈妈，讲故事，给我讲故事嘛。"

"你这孩子，怎么一点也不爱妈妈呢，妈妈都病成这样了，你还这样闹，是不是不想让妈妈的病好啊。"爸爸生气了，一把就把她拉出了房间。

蒙蒙哇的一声就哭了起来，嘴里嘟囔道："我不爱你们，爸爸妈妈根本不爱我，连故事也不给我讲。我生病的时候要听故事也没人给我讲，你们不爱我。哇……"

蒙蒙的哭诉倒是提醒了爸爸，原来上次蒙蒙生病的时候，爸爸妈妈因为工作原因对蒙蒙缺少了一些关爱和照顾，在她幼小的心灵上落下了"爸爸妈妈不爱我"的阴影，才有了今天这一幕的出现。

"蒙蒙，爸爸妈妈爱你，非常爱你的。下次你再生病，爸爸妈妈轮流给你讲故事听，好不好？现在就让妈妈好好休息，等妈妈好了，让妈妈给你讲个《世上只有妈妈好》的故事，好不好？"爸爸哄劝道。

蒙蒙慢慢地点了点头，乖乖地不再哭闹了。

爱，是世间最美好的词汇。在生活中，一个亲切的问候，一个真诚的微笑，都在传递着爱的真谛，爱无处不在，无时不有。但是看看如今的独生子女们都在大人温暖的保护伞下，理所当然的接受成人的爱，任性、自私心理普遍存在，更谈不上爱心和同情心了，家长们在为孩子付出大量爱的同时却忽略了最重要的东西——让孩子学会爱，学会如何去爱自己的父母，爱所有关心自己的人。

1. 以实际行动帮助孩子

很多妈妈经常会对孩子说的，恐怕就是"你不可以这样"，"你不可以那样"。所以孩子特别容易产生语言疲劳。懂爱的妈妈发现孩子不对时，会把孩子轻轻地抱过来，对孩子说"请你换一种方式，和妈妈一起做。"这种方式，孩子更容易接受。

2. 真正有效地关注孩子

很多妈妈不知道怎么关注孩子，认为只要孩子在自己的视野范围内就是陪伴孩子，就是关注孩子。其实不然，当你真正关注孩子的时候会发现孩子情感上的需求很大。

"有的时候，孩子在那做一件事情，妈妈就看着他做。当他特别有成就的时候，他就会回头看妈妈一眼，如果他发现妈妈正看着他，用眼神跟他交流，笑一笑，或者点点头，他内心就获得极大的满足，这才是真正有效的关注到孩子。"而如果孩子需要妈妈欣赏、肯定时，妈妈在做自己的事情，没有注意到孩子企盼的目光，这样的陪伴是没有作用的。

3. 每天给孩子一会儿爱的时间

一分钟接触。父母摸摸孩子的头，肩膀，握握孩子的手，通过接触来传递父母与子女的亲情，传达给孩子爱和力量。

一分钟游戏。笨拙的孩子在游戏中找乐，聪明的孩子在游戏中求知，杰出的孩子在游戏中增智。游戏可以增进父母与孩子的情感，提高孩子的生活兴趣，增强孩子的精神状态。父母带孩子进行的游戏，必须是健康的，积极的，有趣味的。

一分钟示爱。要让孩子懂得：你是父母最疼爱的人，即使在你出现严重问题时，父母对你进行惩戒，也是父母在履行爱的责任。

第七章 爱的教育，教孩子爱自己也爱他人

 细节 51：让孩子学会爱自己

炎炎夏日，小桦和妈妈一起出门去奶奶家玩。奶奶家离小桦家有大约两站地，妈妈觉得等公交车太麻烦了，就带着小桦散步走向奶奶家。

路面被太阳烤得火热，小桦却觉得好玩，光着脚丫子一跳一跳的在路上蹦着走，妈妈看了，就对他说："儿子，小心别摔倒了。"

话音刚落，小桦就被一块石子咯了脚，他一疼脚就软了下去，啪的一声摔倒在地上。

"儿子！"妈妈回头一看，吓坏了，赶紧跑过去看他有没有摔伤，"儿子，没事吧，摔疼了没？"

"脚……疼……呜……"小桦保持着趴在地上的姿势一动也不动，本来妈妈还准备拉他起来，但看到他这个样子，她停下了动作，对儿子说："乖，妈妈吹吹就不疼了，快点起来咱们去奶奶家。"

"呜……疼……"而小桦却仿佛没有听到妈妈的话一样，继续趴在地上哭泣，妈妈真生气了，对他说："你这样趴着，疼也不会跑了啊。难道不想让自己赶紧好起来吗？天气这么热，你又哭又闹还趴在地上，万一中暑怎么办？妈妈以前不就教过你，不管在什么时候，首先要为自己着想，要学会自爱、自重才行。你现在这个样子，让身体受伤还烤在太阳底下，一点也不自爱。"

"……"小桦的哭声渐小，但还是趴着不想动，妈妈见他不听话，对他说："既然你自己都不爱惜自己，那妈妈也没必要疼爱你了，扔下你不管了哦。"说完，还假装要走，抬了两下脚。

果然儿子害怕真被抛下，麻溜地从地上爬了起来，还很利索地拍了拍身上的土，追到妈妈身边，紧紧地拽住了她的小手指："妈妈别走，我以后再也不让自己受伤难受了。"

英国作家毛姆说：自爱是一种美德，是促使一个人不断向上发展的一种原动力。家长们应帮助孩子建立自爱意识，使其因自爱而自立、自强，这将使孩子受用一生。

1. **家长要培养孩子的自我保护意识**

让孩子学会保护身体的各部分器官。如不把异物放入耳鼻内，不在阳光下看书等。让孩子知道做事情时应注意不要伤害自己，有一定的安全意识。受到伤害时不惊慌，知道及时向家长报告，并会处理一些简单的问题。

日常生活中，家长应鼓励孩子动手自己解决一些问题，而不是凡事包办代替，以提高孩子的自理能力。让孩子自己穿衣、刷牙、洗脸、吃饭等，简单的料理生活。有了一定的自理能力，孩子才有能力照顾自己。

2. **教育孩子自尊、自爱**

这是爱自己的另一大内涵，它与自主、自立、自信成正比，在形成良好个性，完善自我方面有很高的心理价值。

家长要帮助孩子正确认识自己，让孩子懂得人人都有所长，人人都有所短；不要因为自己不如别人而产生自卑感，或因此自暴自弃。比如：节日里请小朋友表演节目，老师没挑选你，但这并不说明你是个笨孩子，回到家里你可以演给爸爸妈妈看，同时在家中对孩子要少一些偏袒、溺爱，多一些客观的评价。使孩子建立真正意义的自尊，而不是唯我独尊。

细节52：怎样让孩子成为一个有爱心的人

轩儿生活在一个平凡但温馨的家庭里，虽然爸爸妈妈工作辛苦、奶奶有病经常需要人来照顾，但轩儿觉得自己的生活十分的幸福，每天都过得很开心，很充实，但他唯一不满的地方就是妈妈总让他去倒奶奶的洗脚水。

今天放学回家后，轩儿看见妈妈又在替卧病在床的奶奶擦身体，他看看床边，今天没有摆洗脚盆呢，看来是妈妈还没有给奶奶洗脚，他赶紧缩起脖子，悄悄地往自己房间走。

"轩儿，你回来啦？"

可惜妈妈还是发现了他，他偷偷吐了下舌头，然后对妈妈说："妈妈，我放学了，去做作业了。"

"等一等。"妈妈好像刚帮奶奶换好了衣服，手里拿着一堆换下来的脏衣服从奶奶房间走了出来,对他说:"先去倒点洗脚水端过来,我要帮你奶奶泡泡脚。"

"啊?平时都不是晚上再泡吗?我先去写作业吧。"轩儿明显不乐意了。

妈妈说:"早晚都没关系的,奶奶今天不太舒服,要早点睡,乖,快去倒吧,妈妈去把衣服洗了。"

"真是事多。"轩儿不高兴地嘟囔了一句。

妈妈不小心听到了,脸突然板了起来,问他:"你刚才说了什么?"

"没……什么也没说。"

"儿子,你要记住,不管贫穷还是富裕的家庭,如果家里的人都没有爱心,不会互相照顾,那他们一定过得不幸福。所以,我们家也不能少了爱心,你能明白吗?"

"我……"轩儿先是张张嘴没说出话后,后来似乎想明白了,用力地点了点头,对妈妈说道:"对不起妈妈,我刚才错了,我现在就去给奶奶端洗脚水去。那个……还有……"

"怎么了?"

"我能代替妈妈,帮奶奶洗脚吗?"轩儿不安地问道。

"当然可以,你可是帮了妈妈的大忙了。"妈妈很高兴儿子能说出这番话,轻轻拍拍他的肩膀,抱着一堆旧衣服进了洗手间。

很多人认为小孩子能懂什么爱心,其实不然,爱心教育就是情感教育,也是孩子早期教育中的一个十分重要的内容。这个时期,孩子年龄小,喜欢模仿,可塑性强。家长在这个时期对孩子进行爱心教育,会取得事半功倍的效果,让孩子受益一生。当孩子学会爱后,他才会去关注别人,才会积极融入社会,成为一个对社会有用而幸福的人。

因此,在家中,家长有必要为孩子创造一个爱的环境,对孩子进行爱心教育。

1. 做孩子的榜样

平时在家里,家长做到给长辈倒茶、盛饭、搬凳子;逢年过节给长辈买东西、送礼物,对孩子说话总是温和、体贴,还常常与孩子进行情感的交流,给孩子适当的鼓励和表扬,让孩子直接感受到父母对自己的爱;夫妻间互相关心,互相帮助;在给孩子买礼物的同时,总不忘给爱人也买一份;吃东西的时候,不忘提醒孩子给爸爸或妈妈留一份……如果家长平时做到这些,相信孩子也会受到感染,从而学会去关爱他人。

2. 提醒式教育

每个幼儿都会偶尔有一些缺乏爱心的行为表现，但这并不是他们的主观动机导致，而是幼儿身心发育不完善的原因，但是如果孩子的教育跟不上，偶发的行为也会形成稳固的习惯，到孩子长大以后再纠正就难了。因此，当幼儿出现不友好行为的时候，父母要制止孩子，然后贴在孩子的耳边说悄悄话，悄悄话的内容是告诉孩子在哪些地方错了。为什么要说悄悄话呢？因为孩子虽小也有自尊心，妈妈在批评孩子的同时注意维护孩子的自尊心，保护好孩子的自尊心是孩子健康成长的保证，得到尊重的孩子会更懂得如何尊重他人，关爱他人。

3. 及时表扬孩子的爱心举动

"人之初，性本善。"妈妈要在日常生活中注意观察孩子的表现，一旦发现孩子的爱心行为，就要及时地亲吻、拥抱或赞扬孩子，也可以采取奖励孩子小礼物等方式鼓励他，受到鼓励的孩子下次会比较容易再次出现类似行为。如果父母对孩子的"闪光点"视而不见，宝宝表现同样行为的频率就会低得多。鼓励孩子的友好行为，让孩子的这种友善的行为形成一种习惯。

细节53：让孩子不再对人冷漠

小花是个很乖巧听话的好孩子，但是对人却非常冷漠，除了和爸爸妈妈亲，对其他人都是爱搭不理的，让妈妈很头疼。

这天家里来了位客人，是妈妈许久未见的老同学。老同学一进她家，就喜欢上了小花，左一句漂亮，右一句听话地夸奖着她，可她却只轻轻抬了下眼皮，看了她一眼，便没有任何反应了。

妈妈催促道："小花，快叫阿姨啊。"

小花这回连妈妈也不理了，蹬蹬蹬跑到一边自己玩去了。

"孩子怕生，呵呵……"老同学尴尬地笑道。

妈妈也无奈地笑了笑，听说她要在这个城市住两天，就强硬的把她留在了自己家，希望能多些时间和老同学聚一聚，老同学没办法只好答应了下来。

第七章 爱的教育，教孩子爱自己也爱他人

晚上吃饭的时候，老同学见小花吃的很少，就不停地帮小花夹菜，催她多吃点，长得白白胖胖的才健康。

但小花一点也不领情，看着堆了一碗的饭菜，冷冷地说道："凭什么你夹的我就得吃，我不爱吃青菜，别给夹青菜。"

场面顿时尴尬了，妈妈赶紧教育她："阿姨心疼你，你怎么能这么冷漠呢，快道歉。"

"我不！我又没做错什么。"小花梗着脖子说道，妈妈忍不住又念叨她，她干脆把碗一放，说："妈妈真烦，我不吃了，你们吃吧。"

如今孩子们的冷漠已经超出了我们的想像。原因有二，一是爱的不当。就是指对孩子的要求百依百顺，对孩子总是呵护的多，依赖的少，以致他们因娇生惯养而始终难以走出"温床"，使他们自私心理严重，稚嫩的思想得不到成熟。特别是在家里"惟我独尊"，不知道关心别人。一旦遇到突发事件，便不知所措，无法担起责任。二是多年的教育模式使学校总是把学生的学习放在首位，而对学生缺少思想教育和道德培养，以及应对困难和逆境的处理。对此，家长可以用下面的方法扭转孩子冷漠的行为。

1. 鼓励孩子参加交际活动，学会礼貌待人

父母要为孩子创造良好的交流平台，鼓励孩子在校多与同学交朋友，与同学友好相处；在家多与亲戚、朋友、邻居交往，见面问候；外出多与叔叔阿姨交流，与人为善。让孩子多参与社区的服务，多为他人做一些力所能及的事情；让孩子在生活实践中体会合作的快乐，享受合作的成功。不要给孩子设立过多的条条框框，尽量让孩子按照自己的兴趣去交朋友。使孩子对自己有信心，对别人有爱心，对社会报有责任心。有了良好的交流平台，孩子才能自由快乐的成长，才能不陷入冷漠自私的误区。

2. 让孩子多读经典名著，以陶冶情操

现在，或许我们做家长的太功利化了，连孩子看书，都要区分是否对学习有用，把与学习成绩无关的书，一律列为禁读。我们不妨给孩子一点时间，让他们静下心好好欣赏一下各类文学作品，只是一种情感体验，不要带任何功利目的，让孩子逐步养成读书的习惯。由于父母的生活方式和学习方式直接影响着我们的孩子，所以，我们做父母，尽量减少玩游戏、打麻将的时间，有时间多读读书，成为孩子的好榜样。还要多和孩子交流读书的心得，和孩子一起享受学习和读书快乐的乐趣。

 **细节54：让孩子学会感恩**

妞妞特别黏妈妈，每天起床，都得让妈妈帮她穿衣服、洗脸、做饭吃才行。这天早上，妈妈不小心打碎了一个花瓶，流了满桌子的水，急着收拾桌子和玻璃碎片，就让爸爸去叫妞妞起床穿衣服了。

可妈妈才刚收拾一半，就听到妞妞又哭又闹的声音，她赶紧放下手里的活，跑过去问："妞妞怎么了？是爸爸欺负你了吗？"

"妈妈，我要妈妈帮我拿衣服，爸爸总扯住我头发，很疼的。"妞妞一溜小跑来到妈妈面前，委屈地说道："为什么妈妈不来叫我起床。"

"就因为妈妈没来，你就哭了？"妈妈哭笑不得地问。

妞妞用力地点头回答道："对啊，我要妈妈来叫我起床。"

"妈妈本来是打算叫你起床的，可是客厅的花瓶不小心被妈妈打碎了，手还划伤了，要收拾那个花瓶，就没时间来了啊。"妈妈解释道。

妞妞却嘴一撇，说道："肯定是借口，妈妈不想叫我起床了。"

妈妈赶紧把受伤的手指伸出来，对她说："怎么会是借口，你看，手指真的划伤了，妈妈好可怜，都没人心疼。听到你哭，妈妈赶紧跑了过来，都没人感激一下。"

"妈妈……"妞妞这才知道真的是自己错了，赶紧低下头认错，并心疼地对妈妈说："妈妈真可怜，既然妈妈受伤了，那就换妞妞来照顾妈妈，好吗？我们先去洗脸，然后我帮妈妈拿牛奶和面包，帮妈妈做早饭。"

"哎呀，我女儿这么会疼人啊，真是个乖孩子。"妈妈捧着妞妞的小脸，吧唧就亲了一口，妞妞也回亲了一口，自豪地说道："嘿嘿……这是为了谢谢妈妈一直辛苦的照顾我和爸爸啊。"

心理学家认为，感激是一种正面情绪，是幸福感的基础，会珍惜别人的给予，善待别人；感激是强大的动力激发系统，一个人获得他人帮助之后，可以激发他做出善举或努力以此作为回报。因此，从小教会孩子心存感激，对人体恤，站在别人的立场上理解他人的情绪，会使他的心灵存有一份真与善，使孩子的内心变得更富足和美好。在生活中,家长可以用下面的方法唤起孩子的感恩之心。

1. 利用传统习俗教孩子明白感恩

西方感恩节,我国风俗习惯里也有许多类似的节日,例如春节。家长可以带孩子给长辈拜年,给孩子讲祖辈艰苦生活的故事,让孩子感受幸福生活来之不易。

2. 学会表达感激

当家长不舒服时,引导孩子给自己一个拥抱,学习施予爱心和同情;当家长为孩子买了玩具时,别忘了要求他说声"谢谢";当家长陪伴孩子玩得开心的时候,把他揽进怀里:"你玩得真开心,亲亲妈妈";当家长生日或重要的节假日,和孩子一起制作,送给父母和爷爷奶奶等。

3. 让孩子知道帮助过自己的人

对大一点的孩子,家长可以每天跟他谈谈,要求他想一想,今天是否给别人添了麻烦?今天有没有谁帮助自己进步?今天最感激的人是谁等问题。让孩子了解别人对自己的爱护,发现他人的优点,学会对帮助过自己的人心存感激,培育健康心态,塑造健全人格。

细节55: 如何让孩子学会珍惜友情

小咏和最好的朋友因为一点小事争吵了起来,最后两个人谁也争不过谁,小咏就生气地对好朋友嚷道:"我要和你绝交!再也不和你这种人做朋友了。"

朋友也气呼呼地喊道:"绝交就绝交,谁离了你还活不了呀!"

说完,两个人就一左一右,分开了。

回到家后,小咏愤愤不平地把事情的经过告诉了爸爸,问爸爸:"爸爸,你觉得他是不是很气人,就那么一点小事儿就吼我,还说我是个笨蛋,我再也不和他说话了。"

"可你现在这么低落,是怎么回事呢?"爸爸像看透了他的心思般问道。

没错,小咏现在除了生气,心里还有些低落和无助。一直以来,他都是和这个朋友一起玩,一起闹,一起学习的,如果真的和他绝交了,他连以后自己做什么都不知道了。

"不行，不行，难道我离了他还活不了了。"小咏使劲摇摇头。

爸爸见他这样，放声大笑起来。

"爸爸，你笑什么？难道你也觉得我很可笑？"

"爸爸是羡慕你和你朋友，我认为，你那个朋友现在也在苦恼着，不知道该怎么办才好。爸爸小时候，也有过这种经历，只不过那时候小，不懂事，和朋友吵了之后，真的就谁也没理过谁，现在想想，真是后悔啊。要是当初学会珍惜，或许我们到现在都会是死党呢。"

"珍惜？"小咏有些不明白地歪起脑袋。

爸爸点点头，对他说："人和人之间的缘份是很奇妙的，但是想要把这份缘一直延续下去，就得靠我们自己了。珍惜每一份感情，尤其是朋友间的友谊之情，能让你受益一辈子的。"

"那我……我能去找他吗？"小咏轻声问。

"当然能，把你现在在想的事情，诚实的告诉他，我相信你们会和好如初的。"爸爸肯定地说道。

"嗯，我知道了爸爸，谢谢你，我现在就去找他。"小咏很高兴地跑了出去。

友谊对孩子的一生都有重要影响，由于年龄相近、志趣相投、关系融洽、地位平等，同伴群体能满足孩子游戏、友谊、安全、自尊、认同等方面的需要。所以，家长应从小引导孩子知道被尊重也是一种珍贵的礼物，要有一颗感恩的心，好好珍惜它，不要轻易拒绝小伙伴的善意，不要随便伤害一颗真诚的心。

1. 帮孩子拓展交友圈

现在的孩子都是独生子女，回到家里通常都是自己一个人。一个孩子只有经常和小伙伴在一起，才能增进友谊。因此，父母要为孩子交友牵线搭桥，例如多和邻居打交道，多邀请小朋友到家里玩耍，多带孩子去家里附近的公园玩耍，多和亲戚中有同龄小孩的家庭交往等等。

2. 和什么人交往，家长可适当建议

父母一般都希望孩子交品学兼优的朋友，但事实上孩子并不懂分辨。家长不应该强行让孩子断绝和有不良行为习惯的小朋友交往，而是应该引导孩子，让孩子自己分辨哪种友谊要得，哪种友谊不值得。

第七章 爱的教育，教孩子爱自己也爱他人

3. 教孩子通过兴趣扩大交往面

如果孩子有一些特长，就会增加他们的自信，并为他们结识新朋友提供了机会。友谊建立在共同兴趣的基础上。如果你的孩子朋友不多，那么就培养他们的广泛兴趣。这样，在参加共同的活动中可以建立朋友之间的友谊。

细节56：孩子的"爱情教育"不可忽视

刘晓媚一直很注重孩子的教育问题，在教育女儿的时候从来是不遗余力，尽心尽力的。尤其是性教育方面，刘晓媚花了很大的工夫，从小就开始对女儿进行这方面的教育工作了。

所以，当女儿梅梅井然有序的处理好人生中的初潮后，刘晓媚又开始着手另一项教育工作了，那就是"爱情"教育。

刘晓媚认为迎来身体变化的女儿现在已经完全是个大姑娘了，很多事情家长藏着掖着的话，反而会让她对这个事物更感兴趣，在强烈的好奇心下，难免会做出令人痛心的事情。

在女儿13岁生日这天，刘晓媚把生日礼物交给女儿的同时，对她说："恭喜你离成年人的社会又迈近了一步，不过也正是如此，所以妈妈要和你谈一下关于爱情的话题。"女儿一听妈妈说起爱情，小脸微微泛起一层红色，显得有些害羞。妈妈对她说："我也知道这个话题很不好意思开口，但妈妈觉得有必要告诉你这些知识，所以能和妈妈谈谈吗？"

"嗯，当然没问题。"女儿点点头，搬来了两把椅子，和妈妈面对面聊起了天。

刘晓媚从纯美的爱情故事讲起，然后告诉女儿，成人间的爱情是怎样的，未成年人间所谓的爱情和成人间的爱情又有何差距，有哪些不同点等等。

"但是，妈妈不会阻拦你和异性来往，妈妈相信你能把握好普通的朋友关系，所以妈妈绝不会妨碍你交朋友的。"刘晓媚对女儿说。

女儿感激地抱住她，谢谢她给予自己的这些建议，最后问道："妈妈，如果我收到了情书，可不可以找你一起商量？"

对于女儿的信任和依赖，刘晓媚当然马上就答应了下来，并欣慰地回抱住女儿。

在这个信息传播大爆炸的时代,孩子的眼界开阔了,知识面更丰富了,而心理上也越来越早熟。随着年龄的增长,孩子对感情也会产生兴趣。这时,对于家长来说,明智的做法不是堵和禁,而是疏导。毕竟,青春期的孩子对异性产生好感是很平常的事情。为了避免出现孩子早恋了,父母却措手不及的情况,父母应该早些对孩子进行爱情教育,为孩子揭开"爱情"的神秘面纱,同时,爱情教育也是避免孩子在性方面犯错误的最好办法,让纯洁的爱情观去战胜生理上的冲动,是一种积极的应对方法,让孩子在快乐的情绪中完成人生必须的一课。

1. 融入生活的教育

与性教育不一样,爱情教育中,知识成分相对较少,大多是观念和态度的内容,所以,愉快的心情是教育的前提,如果专门开辟时间,一本正经的教育反而会让孩子觉得又是老一套的教条,不如随机应变,从日常生活中引出讨论。比如,看电视的时候,有关于爱情的电视,就可以跟孩子谈谈关于爱情的责任,孩子也容易接受。

2. 做孩子的爱情榜样

孩子的爱情观或多或少会受到父母的影响。不论夫妻之间的感情怎样,哪怕已经打算离异或者已经离异,都不要忘记做到"相敬如宾"。至少要让孩子明白你们对爱情的态度是认真的,会孩子产生很大的影响。

3. 给孩子挑些适合他看的书

家长可以给孩子多挑些书籍,供孩子看,既能培养其阅读能力,又能提高写作水平。对涉及情爱的名著、小说要有所选择,以利于孩子的成长。

第七章 爱的教育，教孩子爱自己也爱他人

 细节57：让孩子从公益慈善中体会大爱

春暖花开的时候，爸爸妈妈带着儿子去公园"游春"。儿子欢快的在公园里跑来跑去，一会儿指着大树说："妈妈，快看，叶子都绿了。"

一会儿又指着草坪说道："爸爸，那里有朵小花开了，真好看。"

"我想去把它摘下来。"儿子抬头看向爸爸，问道："爸爸，我能过去把它摘下来吗？"

"这可不行，我们得爱护草坪。"爸爸连忙制止了他。

"为什么？"他问。

爸爸对他说："因为小草也是有生命的啊，如果你要过去摘花，肯定要踩着这些小草走过去吧，那些小草多可怜啊，被踩是很疼的。花儿本来就是在茎上开着才漂亮，才能活着，你要是把它摘下来了，它没有办法从花茎上吸收养分了，会死的。你忍心看着这么漂亮的花儿死掉吗？"

"不要，我不想让它死。"儿子连连摇头。

爸爸拍拍他的小脑袋，笑着指向草坪的另一边，对他说："看，那边道路边上就开了很多花，我们可以近距离的欣赏它们，不一定要摘下来啊。"

"真的吗？在哪里？"儿子四处张望着，可就是没看见，爸爸把他抱了起来，指着前面说道："咱们绕过去就能看到了，来，陪爸爸一起过去赏花喽。"

"啊，爸爸小心，不要踩疼了脚边的小草。"儿子突然喊了起来，使劲抓着爸爸的衣领，好像这样就能把爸爸拉到一边似的。

爸爸见儿子这么有爱心，高兴地笑了起来。

很多父母在孩子刚学会走路的时候就特意在家里养了小猫、小兔、小金龟等小动物，让孩子在亲自照料小动物的过程中学会爱护弱小的生命，体会这种更广泛的爱的快乐。在孩子的幼儿园里也有各种小动物，由孩子们轮流负责喂养，老师还鼓励孩子用自己积蓄的零花钱来领养小动物。教育学家认为，这是从小培养孩子同情心的一个好办法。

1. 让孩子多了解真实的社会

家长应让孩子有充分的机会接触、了解社会，尽可能地带他们到贫困地区走走看看，让他们从中受到启迪，懂得珍惜来之不易的幸福生活。

2. 给孩子讲述慈善家的故事

家长应经常向孩子介绍、宣传社会上助人为乐、热心公益活动的典型人物和事例，用先进的事迹去感染教育孩子。

3. 和孩子一起积极参加身边的公益慈善活动

家长可支持孩子参加各种社会公益活动，为他们创造便利条件。如果有条件，更应身先士卒，带头参加，用自己的实际行动影响和教育孩子。比如，家长可以利用休息时间带着孩子一起清理楼道或社区环境卫生，捡拾绿地、公共场所的废弃物，或在扶贫救灾活动中和孩子一起整理多余的衣物，并和他们一起到捐赠站捐钱捐物，以及观看赈灾义演，去敬老院参加义务劳动，为学校和班级捐献书本或盆花，把图书捐助给贫困山区的孩子，参与张贴公益广告、标语，义务宣传公益知识等等，都是不错的参与方式。

第八章

让孩子拥有好人缘的9个细节

有教育学家认为：决定孩子日后事业成功最关键的并不是他的智商（IQ），而是他的情商（EQ）。而衡量情商的最重要的一个指标就是他的人际交往能力，即人缘的好与坏。对孩子来说，好人缘比智慧、财富更有价值。基于此，本章对与孩子社交联系密切的社交礼仪、第一印象、合作精神、幽默感、欣赏他人等几个方面的问题进行了详述，并提出了有针对性的解决方法，供家长朋友参考。

 **细节58:孩子应该知道的社交礼仪**

王选的朋友要开一个家庭宴会,挺正式的,可以带家属和孩子,正好老婆出差,这几天父子俩吃饭是个难题,王选就带着儿子一块参加了这次宴会。

到了朋友家,大伙聚在一起聊了会儿天,很快就到了开饭的时间,王选和儿子被请上饭桌,待人坐齐后,朋友便开始上菜,儿子看见桌上有这么多的好吃的,肚子马上就饿了,恨不得把所有好吃的全塞进肚子里。

"爸爸,我要吃鸡腿。"儿子说话的同时,人已经从座位上站了起来,伸手就把饭桌上的鸡腿扯了下来,放在嘴里津津有味的啃着,周围的人全看呆了。

原来,这个时候,宴会的主人还正在上菜,主人未动筷子,儿子倒先下手了,于情于理,都说不过去,王选拍掉儿子手上拿着的鸡腿,沉声训道:"怎么一点规矩也不懂,这样很没有礼貌知不知道?"

"……"儿子幽怨地看了爸爸一眼,委屈地低下了头。

朋友走了过来笑道:"别和孩子计较了,估计是我们顾着说话,让孩子饿坏了,好了,菜基本上齐了,那咱们就开始用餐吧,希望大家用餐愉快。"

朋友的话说完后,便坐回了主席位置上,大家见他拿筷子开始吃了,才陆陆续续动起手来。

一顿饭,王选吃得很不是滋味,总觉得浑身不自在,好像桌上的每个人都在嘲笑他一样。就这样,吃完饭没多久,王选就带着儿子匆匆离开了朋友家。离开之前,朋友很不自在的对他说道:"并不是我很在意今天的事情,而是作为朋友想给你提个建议,是不是应该教给孩子一些社交礼仪呢?"

王选有些生气,认为朋友是在指责他,便扭头不回话。朋友见他这样,连忙解释道:"我并不是你想的那个意思,只是想说,今天咱们是朋友,就当是聚在一起随便吃个饭,孩子这样没有关系,可以后他接触社会的各种活动的机会还有很多,难道每次都要出这种意外状况吗?所以,教他一些礼仪知识是很有必要的。你认为呢?"

王选听了觉得有些在理,心里的气也渐渐消去了,便叹了口气,对朋友说:

"今天真是抱歉了，我回去以后，一定帮儿子补补这方面的知识。谢谢你了。"

说完后，两人又互道了一声再见便分开了。回家的路上，王选不停地想，到底该如何让孩子轻松接受那些社交礼仪呢？

提到孩子的社会交往（交际），我国的父母大多会联想到"礼貌"这个词，希望自己的孩子在与别人交往时，显得彬彬有礼，落落大方。只要孩子开口叫了人，"甜甜的小嘴"总能赢得一片赞扬之声。然而有调查显示，大多数的孩子却并不愿意这样做，他们对此十分反感。

那么，在我国，家长应该如何培养孩子的社交礼仪呢？

1. 增加孩子的社交环境

专家认为应多带宝贝参与平时婚丧喜庆，国内的孩子在社交上普遍慢熟于其他国家的孩子，参加这些场合就是他们吸收大人的社交及练习表达的机会，即使只是家中有客人也要尽量让孩子参与其中，不要太担心孩子的表现，因为他们总有一天也要面对这些场合。

2. 建立孩子的正式身份

过年期间，家长多带孩子与家人朋友一起用餐，当要介绍孩子的身份时，你通常会怎么说呢？要交待清楚背景包括介绍孩子几岁、所就读的幼稚园……等等，最后别忘了加上一句"请多多指教"。当父母正视孩子的身份、慎重的将孩子介绍出去，孩子也会在意自己在场合中的表现。

3. 多赞美，提升孩子的自信心

赞美孩子能提升孩子的自信心与有能力的感觉；勇于赞美孩子的父母，孩子都会是很有自信的。另外，年节时常需要到别人家中作客、聚餐，在家中就可以先教导孩子一些年节的禁忌与吉祥话，例如当孩子打破东西时就要说："碎碎平安"、见到阿姨及叔叔要主动恭贺"祝阿姨叔叔发大财"等等，练习辨识别人的身份，也要练习说好听的话。

4. 教会孩子餐桌礼仪

欧洲人有一句话："和你同桌吃饭，就知道你母亲的那一张脸"，孩子的一言一行都源自于父母的教导，若希望孩子在外面有合宜的表现，小时候就在家中的培养绝对不能少。

 细节59：让孩子给别人留下良好的第一印象

小花家隔壁搬来个新邻居，是一对小夫妻，笑容都很甜，让人一看就打心眼儿里喜欢。搬来的第二天，邻居就过来问好，并送上了一份小礼物。

小花妈客气的把邻居请进了客厅，闲聊起来。这时候，小花放学回家，看到女邻居的时候，随口说道："阿姨，你头发上有坨鸟屎。"

女邻居的脸刷的一下就吓白了，连忙让自己的老公帮忙看，果然有一块白白的东西，但不是鸟屎。

"吓死我了，真要有鸟屎，我都不敢出去见人了。"女邻居拍着胸脯笑道。

"是小花不好，乱说话，小花，快来道歉。"妈妈把小花拽过来让她向女邻居道歉，但小花却不肯，坚持说："我看着的确像嘛，离那么远，谁看得清，而且通过我，阿姨才知道自己头上有东西，阿姨还得感谢我呢，怎么能让我道歉呢。"

"对对。"听她这么一说，邻居赶紧说道："我们是得感谢小花，多谢小花提醒啊。"

"不客气。"小花头一扬，高兴地回答道。不过下一刻出口的话，却让大家的脸都变了色。

小花说："不过阿姨梳的头像一个鸡窝，小鸟要是认错了，没准真会在上面拉一坨屎呢。"

"小花，怎么说话呢？"妈妈以严厉地训斥道："怎么能对客人说这种话，真没礼貌。"

"没，没关系，我们先告辞了，以后有时间再来玩。"女邻居脸色惨白，拉着男邻居逃一般的离开了小花家，小花无辜地耸了耸肩，对妈妈说："可是我真的没说错啊。"

妈妈无奈地叹了口气，对她说："可是人家会怎么看你呢？第一印象就不好，以后会很难相处的。"

"第一印象？我朋友们都说第一次见我就觉得我是个心直口快的人，没什么不好啊。"小花回答道。

妈妈点了下她的额头说:"换句话说,就是个鲁莽孩子。就算不是贬义,也绝成不了褒义词!"见女儿不明白,她继续说:"人与人相处,第一印象很重要的。很多时候,人们都会根据第一次见面时的感觉决定要不要和你交往、接触,如果你给人家的感觉不好,以后人家可能会连理都不再理你,这不是很不好吗?"

小花听了,沉默地低下了头。

一些父母认为,小孩子天真无邪,想怎样就怎样,长大了就懂得文明礼仪了,这也是误解。一方面,孩子从小不培养好习惯,就必然形成坏习惯,坏习惯形成了,再改就很难。想一想,现在有些孩子说话没大没小,家里来客人不懂礼貌,饭桌上挑挑拣拣旁若无人,浑身汗味不洗,指甲老长不剪……这些孩子如果不教育、不矫正,会在某一天早上突然变个样吗?

另一方面,在孩子小时候培养文明礼仪习惯,与孩子天真无邪表现并不矛盾,越是懂礼仪的孩子,越能获得自由发展的广阔天地,因为他是受人们欢迎的人。

礼仪体现在生活之中,只要父母重视,以身作则,随时说明要求,按要求去坚持训练,发现孩子有不讲文明礼仪的行为,及时指出并当时改正,这样就能逐步培养起孩子的文明礼仪习惯。

1. **仪容仪表**

主要要求整洁干净,脸、脖颈、手都应洗得干干净净;头发按时理、经常洗,指甲经常剪;注意口腔卫生,早晚刷牙,饭后漱口,不能当着客人面嚼口香糖;经常洗澡、换衣服。

2. **谈吐方面**

要求态度诚恳、亲切,使用文明用语,简洁得体,不能沉默无言,也不能自己喋喋不休,要认真倾听对方讲话,交谈时忌讳东张西望。

3. **走路和问路**

除了注意体态、姿式之外,要遵守交通规则,遇到熟人要打招呼,互致问候,不能视而不见。向别人打听道路,先用礼貌语言打招呼,如"对不起,打扰您一下"、"请问"等,问路应选适当称呼,如"老爷爷"、"阿姨"、"叔叔"等,然后再问路;听完回答之后,一定要说:"谢谢您!"如果被陌生人问路,则应认真、仔细回答,自己不清楚,应说:"很抱歉,请再问问别人。"

4. **待客与作客礼仪**

家中来客人,要事先有所准备,把房间收拾整洁。孩子也要学会以主人身份招待客人。迎接客人进屋，帮助客人放衣物，请客人在合适的位置落座。问客人喝什么饮料，主动送上。要双手呈、接物品。要主动、大方地与客人交谈。客人要走时应礼貌挽留，说"您再坐一会儿""再喝杯茶吧"等。要送客人一段距离，说"再见""欢迎您再来"。

去亲友家做客要仪表整洁，尽可能带些小礼品。在亲友家，要谈吐文明。不经主人允许，不可随意动用主人家里的东西。如果在主人家用餐，要注意用餐时的礼仪。

 细节60：让孩子学会真诚地赞美和欣赏别人

节假日，妈妈带着女儿美丽去孙阿姨家玩。孙阿姨很会做饭烧菜，做了一桌子美味佳肴款待她们。

美丽第一次见孙阿姨，虽然有些紧张，但还是被桌上的美味们吸引了，尝了两口后，就略带羞涩地对孙阿姨说："孙阿姨，您可真好。"

"哦？我哪好啊。"孙阿姨乐呵呵地问。

"做的饭菜这么好吃，还不是好吗？"美丽反问。

孙阿姨呵呵地笑了起来，这时候，妈妈对美丽说："那你应该直接夸孙阿姨做的饭菜好吃啊。只说阿姨好，不说阿姨好在哪里，多没诚意啊。"

美丽搞不明白了，夸人还分这么多种吗？带着疑惑吃完了一顿饭，下午妈妈就带着美丽告辞了。回到家后，美丽便回房间做学校留的手工作业——我的家，要求用各种形式表现出家庭的美好。美丽最擅长画画，所以她拿出画纸和画笔，认真的把爸爸妈妈画上，再画出自己，一家三口正愉快的在饭桌前用餐。

"爸爸，你看我画的画漂亮吗？"美丽拿着画好的画去找爸爸，想让他最早看到自己的作品，夸奖一下自己。

不过，爸爸夸奖倒是夸奖她了，但夸的没在点上。

爸爸说："嗯，我们美丽真能干。"

爸爸完全没有提画的画怎么样，只把她这个夸一下。这时候，美丽想起了中午妈妈在孙阿姨家说的话，顿时明白了，原来诚意是这个意思啊。

想到这里，美丽不高兴地嘟起嘴，对爸爸说："爸爸，你的夸奖一点也不真诚。"

"啊？为什么啊？"爸爸吃惊地抬起头来问。

"因为我让你看的是画，你夸的却是我这个人。就像今天在孙阿姨家里吃饭一样，我应该称赞孙阿姨做的饭菜很好吃，而不是说孙阿姨是好人。"美丽撅着嘴，一字一句，颇有气势地说道。

爸爸听到女儿讲出这么深刻的道理来，连忙承认自己的错误，对美丽说："美丽真了不起，这么深奥的道理都懂，是爸爸错了，爸爸以后要向美丽学习，真诚地赞美我们的宝贝美丽，好不好？"

"嗯。这还差不多。"美丽叉着腰，洋洋得意地点了下头，不过她还是对爸爸的回答不太满意，有板有眼地说道："不仅是对我，对别人也要诚心诚意的夸奖。"

"OK，保证完成'小领导'交给我的任务。"爸爸的话，终于把美丽逗乐了，父女俩哈哈大笑着，一块欣赏着美丽的作品。

赞美和欣赏是语言的钻石，也是一个人的个人修养的体现。赞美有着巨大的威力，赞美是我们乐观面对生活所不可缺少的，是我们自强、自信、自我肯定的力量源泉；赞美是人际关系的润滑剂，还可以约束人的行动，使人自觉克服缺点，积极向上。向别人传递一个真诚的赞美，能给对方的心灵带来光明。

赞美别人是一种习惯，这种习惯应该从小就开始培养。那么，怎样让孩子学会赞美别人呢？

1. 赞美别人一定要真诚

赞美绝不是虚伪的胡乱夸赞，也不可以用漫不经心的态度，一定要用认真诚恳的表情来赞美他人。告诉孩子，不真诚的赞美往往会起反作用，不但不会使别人舒畅，反倒会伤害别人。只要是源于生活，发自内心，真情流露，就会收到赞美的效果。

2. 对事不对人

教孩子赞美别人不能毫无根据，一定要赞美事情的本身，这样对别人的赞美才可以避免尴尬、混淆或者偏袒的情况发生。

3. 可以直接赞扬也可以间接赞美

告诉孩子，可以用具体明确的语言、表情称赞对方的行为，也可以间接赞美。父母要教孩子以眼神、动作、姿势来赞美和鼓励别人：一般的人对表情和动作的感受远远超过对语言的感觉，有一些场合，人的表情在多数情况下是下意识的，装也装不像，其中所含的虚伪的成分是很少的。比如，可以用微笑、惊叹，或是夸张地瞪大眼睛表示对别人的能力倾慕和敬畏，这种方式是容易被对方接纳的。

细节61：分享——教孩子学会复制自己的快乐

妈妈发现儿子最近似乎不太合群，总是自己一个人默默的玩耍，她担心地问儿子："儿子，最近怎么没和朋友一起出去玩呢？"

"我才不和他们一起玩呢，没意思。"听到妈妈的问题后，儿子似乎不开心起来，小嘴慢慢地越撅越高。

"怎么会没意思呢？你以前不是总说玩得很开心吗？"

"可他们总想玩我的机关枪，那是爸爸买给我的生日礼物，才不要和他们一起玩呢，玩坏了怎么办。"儿子小声回答道。

妈妈一听，总算明白儿子是怎么一回事了，一屁股坐在了身后的小板凳上，也不说话，就看着手心嘿嘿傻笑。

儿子不明白妈妈在笑什么，以为她的手心里藏了什么好东西，便伸过脖子要去看，但妈妈却用身子挡住了他，继续不停地笑着。

"妈妈，你在看什么？让我也看看。"

"为什么？这是我发现的好玩的东西，万一你看了，变没了怎么办，不让看。"妈妈边说，边弓起了背，好像要把手心里的"好东西"藏起来似的。

妈妈越这样，儿子越好奇，吵嚷着要看妈妈的手心，妈妈没办法，说："好吧，只准看一下。"

"嗯嗯。"儿子连连点头，赶紧扒进妈妈怀里朝妈妈的手心看过去，这一看，便放声大笑起来。

原来，不知道在什么时候，妈妈在自己的手心画上了一张人脸，随着手的变动，人脸会做出各种各样的鬼脸，十分好笑。

见儿子笑得开心，妈妈趁机说道："是不是觉得很开心。"

"嗯，真有趣。"

"妈妈看见你这么开心，也觉得很高兴，认为把这么好玩的东西分享给你，真是做对了。你觉得呢？"

"……妈妈？你的意思是……"儿子似乎有些明白妈妈想说什么了，虽然还是很犹豫，但一想到自己刚才的各种心情，他还是咬咬牙郑重说道："妈妈，明天我就把枪带过去和他们一起玩。如果他们真的喜欢爸爸送我的玩具，我也会很自豪的。"

妈妈温柔地点了点他的脑门，笑了。

现在家庭结构简单，独生子女就是家里的小皇帝、小公主，爷爷奶奶、外公外婆宠着、疼着他们，爸爸妈妈也都是一切以孩子为中心，这让孩子往往只考虑到自己，一个人将好吃的、好玩的独占了，不会想到要孝敬长辈。只要稍不称心，他们就横地打滚哭闹。在家里称王称霸惯了，和伙伴交往的时候，也都以自己的需求为出发点，把最好的留给自己，把自己喜欢的先抢到手，拿到后就贴上自己专属的标签，不愿再拿出来分享。

但孩子在今后的生活中，与人分享、与人合作是必不可少的，尤其是成人后，分享不仅仅局限为一件物品，还有快乐、成功、喜悦等情感性的东西。与人分享不是自发的、与生俱来的，因而在孩子刚刚出现自我意识的时候就培养教育他们，就很容易能让他们学会与人分享。父母可以参考以下几点做法：

1. 明确所有权

孩子不肯将玩具给别人玩，是觉得玩具给人了，自己就没有了。这时可以告诉孩子：这个玩具是他的，只不过别的小朋友也喜欢，人家只是玩一会儿，玩够了就会还给他。

2. 让分享更好玩

教孩子一些协作性游戏，在这些游戏中，玩的人需要合作去达到一个共同的目标。比如一起玩拼图，轮流往拼版上放拼图块。

3. 不要因为孩子小气而惩罚他

如果你对孩子说他太小气，要是他不分享就要收拾他，或者强迫他把喜欢的东西给别人，那你只会培养出孩子的怨恨情绪，而不是慷慨大方。鼓励分享要从正面去强调，而不是训诫。也别忘了，孩子不愿意分享某些东西也没关系。随着他越来越成熟，他会明白与对他越来越重要的朋友分享，要比独自拥有更快乐。

细节62：培养有合作精神的孩子

天天请一帮小朋友来家里玩，妈妈帮他们倒好果汁，摆好小点心后，就出去忙自己的了。天天把自己的积木、汽车模型、狗熊娃娃全拿了出来，让小朋友们玩。可是玩着玩着，问题就出现了，大家都喜欢玩积木和汽车模型，这样一来，人多玩具少，就不够分了，有些人就开始吵起来。

"红色和白色的是我的，你们玩其他颜色的去。"天天把红色和白色的积木全拿到了自己旁边，不让其他人碰，他想盖一个红顶白柱子的屋子，以后让爸爸妈妈住进去。

可是他盖着盖着，发现只用红色和白色是不能完成一座房子的，他的眼睛就瞟向了朋友手里的积木，伸手就夺了过来。

"这个是我的。"同伴不服气地过来也要抢，"要不然就拿你的换。"

"不行，不行，我这还不够呢。"天天赶紧伸手就挡。

"那你就把我的还给我。"

"不给，这块我用正合适。"

"我也要用。"

"不行，我用。"

"我用。"

两个孩子你一言我一语的吵了一起，其他小朋友一见，也起哄，纷纷过来抢积木玩，天天刚搭好的半成品就这样被弄坏了，他气的站起来，就推了抢积木的小朋友一把，小朋友也推了他一下，两个人慢慢地就打了起来。

"怎么回事？"妈妈听到动静，推门走了进来，看见扭打在一起的孩子们，吓了一跳，连忙上去分开了他们，"天天，你怎么能动手打人呢？"

"他抢我积木。"

"那积木本来是我玩的。"

两个孩子说着说着,又有动手的迹象,妈妈赶紧把天天和小朋友分到两边,对天天说:"积木是有限的,你们分开搭,肯定会更少,为什么不合作一下,把所有积木都集中到一起,所有人都动手,搭出一个'宏伟'的建筑呢?"

"这是个好办法。"有小朋友点头同意。

天天想了想,也觉得这个方法不错,他有些脸红地对妈妈说道:"谢谢妈妈,这样玩好像有趣多了,还有,刚才真对不起,我不该动手打人的。"

"这才对嘛。好了,你们继续玩,妈妈一会儿给你们带好吃的过来。"妈妈说完,就走了房间,而天天和小伙伴们开心的搭建着他们喜爱的东西,玩得不亦乐乎。

而今的孩子绝大多数是独生子女,他们缺少与兄弟姐妹及其他小朋友一起生活的经验,很少体验到合作行为带来的愉悦和成功感。那么,如何培养孩子的合作意识和合作能力呢?

1. 为孩子创造合作的机会

在日常生活中,孩子一同游戏、学习的机会是很多的,如一起拼图、搭积木、作画、看图书、跳皮筋、玩娃娃家等。家长可以有意识地为孩子创造、提供与同伴合作学习和游戏的机会,引发合作行为的产生。

2. 教会孩子合作的方法

孩子可能不会在需要合作的情景中自发地表现出合作行为,也可能不知如何去合作。这就需要家长教给孩子合作的方法,指导孩子怎样进行合作。

比如,搭积木或玩商店游戏前,先让孩子一起商量,分配角色,然后分工合作;当他们遇到矛盾时,引导他们协商解决;当玩具或游戏材料不够用时,启发他们相互谦让、轮流或共同使用;当同伴遇到困难时,鼓励他们主动用动作、语言去帮助;当自己遇到困难而无法解决时,主动找小朋友协助等等。同时还教给孩子一些十分必要的交往技巧,教会孩子解决好合作中遇到的小纠纷,只要没有危险,就应大胆放手让孩子自己去处理矛盾与冲突,适当的争吵可以帮助孩子学会如何坚持自己的意见和接纳别人的意见,并最终达到协调的目的。

3. 让孩子体验合作的快乐

游戏是培养孩子合作交往能力最有效的活动,在游戏中孩子可逐步摆脱家庭中的"自我中心"角色。充分挖掘游戏自身的优势因素,多途径培养孩子的合作行为。孩子通过相互合作、互相帮助,感受到合作的快乐后,他们会发现这样做大家都很开心。我在此基础上进一步激发孩子合作的内在动机,会使合作行为更加稳定、自觉化。

细节63:培养孩子幽默感的方法

凡凡是个特别认真的男生,不管是做什么事情,都是有板有眼,一点幽默感都没有。身边的人和他开句玩笑,他要么一点反应也没有,要么以为对方是在损他,生气的不理人。身边的人经常无奈地对凡凡爸说:"你这儿子真是没趣,一点幽默感都没有,是不是你们家家教太严,让这孩子变得这么死气沉沉啊。"

凡凡爸赶紧辩解道:"没有啊,只不过我们家不怎么爱开玩笑。"

"这就对了,家长对孩子的影响最大。你们平时都不是幽默的人,孩子也自然培养不出幽默感。"对方这样说道。

听完对方的话,凡凡爸陷入了沉思。因为他和凡凡妈平时没有多少幽默感,不管是在工作中还是日常生活中,吃了不少暗亏,他不想让儿子也变成这样,便开始留意起培养孩子幽默感的方法。

凡凡爸首先和凡凡妈说了自己的想法,凡凡妈觉得非常好。两个人就开始实施计划,只要凡凡在他们身边,他们就会讲一些小笑话,说些俏皮话让凡凡听。

夏天天很热,还有很多蚊子来扰人,一家三口正在看电视的时候,爸爸被耳边一只蚊子烦的受不了了,啪的一声就把蚊子拍死了。妈妈听到后,走过来看了看,对爸爸说:"看看,犯错了吧,这是我养的,赔吧!"

爸爸见儿子被他们的话吸引了,就赶紧咳嗽一声,开玩笑似地对妈妈说:"原来家里这些蚊子都是你养的啊,我和儿子每天被咬得这么惨,原来都是你害的。儿子,来,我们一块找妈妈报仇去!嘿呀……看我飞马流星挠!"

"呵……咯咯咯……"虽然儿子有那么一瞬还以为爸爸妈妈真的吵架了,但当他看到爸爸轻轻挠妈妈后,就明白他们不是在真吵架,被爸爸奇怪的动作和语气逗得直乐,也学着爸爸的样子,用小手轻轻挠着妈妈,一家人有说有笑,快乐地度过了这一天。

人的幽默感有三成是与生俱来，七成靠的是后天培养。具有幽默感的孩子能够积极地面对人生，乐观，开朗，很有人缘。那么，如何培养自己孩子的幽默感呢？

1. 荒唐的新闻

全家从报纸上剪下各种标题或文章，再把各种标题随意拼接成一些可笑的故事、句子。为了使内容积极、轻松，要选择与生活、食品、运动等有关的内容。

2. 滑稽的眼镜

将家中不用的眼镜收集起来，制作成各种滑稽眼镜，如有的带个鼻子，有的镜片上带个弹簧，有的镜片上有个雨刷……等等。让宝贝戴上眼镜后照镜子，宝贝会开心地大笑。

3. 滑稽可笑的全家合影

单独准备一个相册，里面收集家人各种滑稽动作的照片，经常和宝贝一起看相册，他会在其中体会到愉快。比如每次全家福照后，再照一张全家戴着滑稽眼镜的照片，下次再照一张鼻子上顶个樱桃的照片。

4. 观看滑稽可笑的录像

平时在家里准备一些滑稽可笑的录像或影碟。如：《憨豆先生》和其他一些来自生活中真实镜头抓拍的滑稽片子。全家人一同观看，并一起开怀大笑。

 细节64：如何培养善解人意的孩子

宏宏有个不好的毛病，不会察颜观色，总是在不知不觉中就把人给得罪了。比如有一次，家里来个了亲戚，姓苟，宏宏觉得十分有趣，就对亲戚说："叔叔姓狗啊。"

这位苟先生本来就对自己的姓氏有些敏感，虽然宏宏是个小孩子，但他听到宏宏这么说话脸色还是变了。但宏宏却没看出来，依旧嘻嘻哈哈地问他："叔叔，你为什么姓狗不姓猫呢？猫比狗可爱。"

"这个……叔叔是姓苟，一丝不苟的苟，不是猫狗的狗哦。"苟先生强忍着心里的不舒服，决定不想和小孩子一般见识，耐心地对他解释道。

可宏宏还是自顾自地在那说道："可是猫真的比狗好玩啊，一丝？对了，猫最喜欢玩丝状的东西了，看见毛线团就扑上去了。叔叔，你改姓吧，怎么样？要是我的话，一定改姓猫。"

"……"苟先生哭笑不得，真不知道该怎么和这个孩子说话了。

宏宏的妈妈很抱歉地对苟先生说道："真是对不起，这孩子太不会说话了。"

"没有，没有，还好啦。"苟先生客气道。

宏宏也觉得自己没说错话，就拉拉妈妈的衣袖，无辜的说道："妈妈，小狗……"

"咳……那个，我先回去了，以后有时间再来你们家玩。"宏宏的话还没说完，苟先生就用力地咳嗽了一声，表情僵硬的离开了他们家。

宏宏这才觉得不对劲，等苟先生离开后，他轻声问妈妈："妈妈，叔叔是不是……有点不高兴啊？"

"你还知道叔叔不高兴啊，都是被你气坏的。没看到叔叔的脸都变色了，还一直说个不停，真是不会看人脸色！"妈妈边说，边摇着头忙自己的去了。

宏宏留在原地，嘟着嘴小声说道："他又没说他生气了，我哪看得出来。"

优秀的心理素质，在协调社会人际关系和家庭生活中起着举足轻重的作用。孩子在上小学前后就初步具备了认识周围事物的能力，其意识和行为的控制能力和分析能力也大为提高，并在大人的影响和教育下开始学说话，因此此时正是教育孩

子的最佳时期。能否抓住小孩这一年龄特性，有意识的培养其善解人意的性格尤为重要。可以说，孩子从小就善解人意，长大后会有良好的人际关系。怎样才能让孩子变得善解人意呢？父母可以从以下几个方面入手。

1. 帮孩子建立理解别人的愿望

要让孩子懂得人与人之间需要互相理解，关心和体贴。在孩子付出爱的同时，也要让他们知道别人也同样需要他的爱。这样做才能激发孩子了解别人的愿望。

2. 引导孩子分析事理

父母可借助生活中的点点滴滴让孩子明白，每个大人都有自己非常重要的事情要去完成，当这些事情和孩子的需要有冲突的时候，孩子也应当学会谅解。孩子经常提出一些在大人看来不合理的要求，如果孩子的要求是合理的，父母应履行职责，满足孩子的需要。

3. 教孩子学会宽慰体贴别人

人都有遇到困难，烦恼的时候，都需要得到别人的体谅和帮助。让我们的孩子学会善解人意，让他们在平凡处显出崇高，生活才会变得更有意义。

 **细节 65：教孩子与朋友融洽相处**

小温是一名刚步入初中的女生，在新的学校里，她结交了两个新朋友，小赵性格比较直爽，大大咧咧的，什么话都敢说，而小李因为生在单亲家庭里，性格比较敏感，别人说话的时候提到她的名字，她都会以为是在说她的坏话。

对小李的这个性格，小温和小赵都有些意见，想劝劝她不要总是怀疑别人，但小温觉得直接说会伤害到小李，就拉着小赵说："我们还是用委婉一点的话来说她吧，要不然她又敏感了，生我们气，该怎么办？"

小赵却不同意她的意见，她这个人最不喜欢拐弯抹角地说话，当然是有什么说什么，她对小温说："要不这件事你就别管了，婆婆妈妈的，我去和她说，她爱生气就生气去，大不了一拍两散，不再做朋友。"

"可我们是好朋友……怎么能这样……"小温不知道该怎么和她说，她才能明白自己的意思，小赵却不想再听她的话，直接大嗓门地说道："好了好了，我去和小李说了，你就在这慢慢纠结吧。"

"你们在说我？"正在这个时候，小李出现在两个人面前，用平时看其他人的那副怀疑的目光盯着她们两个说："你们刚才说我什么呢？"

"小李……我们没说你什么，就是想找你谈谈。"小温在她的目光下，有种做坏事被抓的感觉，坐立不安。

"找我谈谈？哼！得了吧，你们肯定没把我当朋友，背着我说我坏话。"

"没有，我们……"

"就说你了，能怎么着？整天就这个样子，怀疑这个，怀疑那个，没完没了。活的累不累啊，赶紧改改吧，要不然，我们连朋友都做不成了。"

"你，你们……"小李气得说不出话来，一转身跑了出去，小温想要追，小赵却拉住了她，不让她去。

小温看看这个，瞅瞅那个，两边急，这朋友性格完全不一样，该怎么相处才能融洽啊。她暗自发问。

引导孩子会交朋友，善于交际是一个重要的社会问题。任何一个人，要想取得

成功都离不开别人,不能没有稳定而良好的人际关系。与人交往并建立和维持一定的人际关系,是人一生中最为经常最为强烈的需要之一。所以,家长一定要注意引导孩子会交朋友,善于交际。

1. 不可以代劳

有许多父母希望给孩子铺一条平坦的路,这是不现实的。这既影响孩子的交往能力,也不利于孩子良好意志品质的形成,还会造成孩子长大后不能适应复杂的社会生活,产生自卑、抑郁、厌世等不良心理。孩子在交往中遭遇挫折时,父母不要觉得孩子受了莫大的委屈,千方百计地哄他或忙着帮他解决困难,而应给孩子锻炼的机会,让他在经受挫折、克服困难的过程中不断提高交往能力。

2. 引导孩子正确看待挫折

当孩子在交往中遭遇挫折时,父母应引导孩子分析受挫折的原因,从中汲取教训,并想办法克服困难。当孩子自己克服了困难时,父母应鼓励、肯定。这样,孩子就能体验到成功的喜悦,增强克服困难的信心。如果孩子独自克服不了困难,父母应给予适当的安慰,并提供一定的帮助,以免造成孩子过分紧张,影响身心健康。

3. 帮助孩子加强社交的目的性、计划性

孩子在同别人交往时常常是无目的、无计划的。父母可在孩子交往前有意识地提醒他,设想交往的过程及交往中可能出现的困难,适当教给他一些交往的技巧。这样,孩子对交往中可能出现的挫折就有了一定的心理准备。

细节66：教孩子学会倾听

女儿放学回到家,妈妈发现她有些不对劲,眼睛红红的,嘴巴使劲撅着,像是和人吵架,受了委屈。

"女儿,你怎么了?"妈妈走到她身边问道。

女儿先是嘴一撇,然后轻轻抽泣了起来,小声说道:"小奕说我总是不听她说话,说我一点也不关心她,不拿她当朋友,她也不会再和我做朋友了。可她是我最好的朋友,我怎么可能不关心她呢。"

"那你有没有好好听她说话?"妈妈问。

女儿有些犹豫,板着小脑袋支吾了半天,才咬唇说道:"可小奕每次说话都很啰嗦,能从她家猫总是叫个不停说到她家地板又划了一道痕迹。我要是全听完……"

"也就是正如小奕所说,你其实并没有用心听她说话,对吧?!"妈妈很肯定地问女儿,见她缓缓点了下头,妈妈叹了一口气,把她拉到沙发旁,两人并排坐下,对她说:"不管在任何时候,你都要学会倾听,哪怕对方说的话你根本不感兴趣,这是对他人最基本的尊重和友爱。而且,当你用心去听朋友所讲的话的时候,你会发现很多关于朋友的事情,对朋友会更加了解,你们的关系也会更加亲密的。"

"真的吗?"女儿扬头问道。

妈妈点点头,又对她说:"所以,你现在最主要的任务就是,赶紧打电话和小奕道歉,并且在以后在听她说话的时候,真正做到用心交流。"

"而且,不仅是对小奕,对其他人也应该这样,对吗?"女儿听完妈妈的建议,心情大好,吐着舌头开玩笑道。

"倾听"即是细心听、用心听的意思。倾听也是一种礼貌,认真倾听也是表示对说话者的尊重。倾听也可以体现出一种能力、一种素质。人与人之间交往成功的一个重要因素就是学会倾听。但是,现在的孩子很少有会倾听、耐心倾听的,他们和朋友在一起时,兴致所至就争相插嘴,表达自己的意见,而不愿意做个倾听者,认为那样是"认输"的表现,事实上并不是这样的。一个好的倾听者能赢得更多的朋友的信赖和喜爱，更有助于孩子情商的培养。

因此，家长应该从小培养孩子学会倾听，这不仅对他的交际有帮助，而且对他的学习也很有帮助。

1. 让孩子重复一遍你说过的话

这样，你就能弄清楚孩子到底有没有听见你所说的那些话了。如果你的孩子确实不知道该如何去做，比如，他不会关上收音机，那么当你让他重复你的要求的时候，他就能趁这个机会告诉你他不会做。

2. 认真倾听孩子的讲话

当孩子告诉你一些事情的时候，父母应该把报纸放下，专心听孩子讲话。如果父母以身作则，做一个好听众，那么孩子就会跟父母学着做。

3. 多让对方谈他感兴趣的话题

家长应告诉孩子，做一个合格的听众，还要能时不时地插嘴引导对方将他感兴趣的事情，而不要故意将话题控制住或引导到你事先设计好的或你喜欢的题目上去。

4. 微笑倾听，避免争执

家长在培养孩子的倾听和谈话技巧时，可以告诉孩子，一个合格的倾听者还要能理解对方讲的内容，并微笑以作鼓励。即使自己有不同的意见时，也不要打断对方的谈话，而是要耐心听，等对方讲完后再讲出自己的意见，并要注意不能因为观点不对就吵架，而是心平气和地讨论，这样才能赢得朋友的喜爱和信赖。

第九章

培养孩子应对社交难题的能力

儿童教育专家洛瑞·贝尔德曾说过,孩子和同伴一起玩要比自己玩花费更多的时间,其中仅掌握和他人相处的简单技巧就是需要一些时间的。还有研究证明,一个人的人际关系代表着他的心理适应水平,是心理健康的一个重要标志,而人际交往不畅常常是产生心理疾病的主要原因。因此,要培养孩子积极健康的情商,就需要关注孩子的社交能力的培养。

细节67：提高交往能力，别让孩子"窝里横"

9岁的女孩景文正在上小学三年级，平时在学校里，她总是表现得非常文静。上课的时候，每次老师叫她回答问题，她的声音都很小，不敢大声表达自己的见解，好像很害怕说错后被老师批评或被同学嘲笑。课余时间，班里其他同学都成群结伴地玩耍，只有景文是自娱自乐。她并不是不想和同学们一起玩，而是不敢跟别人聊天、玩耍。

可是，与此恰恰相反的是，在家里，景文完全是另外一个面目。她的脾气十分暴躁，遇到一丁点不如意之事就会大喊大叫，跟爸妈"顶嘴"的功夫可谓一流。一次，景文想要一家商场卖的新款书包，她已经观察那款书包好久了。原本，妈妈并不愿意给她买那个新书包，因为她正在用的那个书包还很新。但后来，景文在家大哭大闹，妈妈心一软就答应了。

第二天，妈妈下班后就去商场买新书包，可景文回家看到新书包后，非但没有开开心心地感谢妈妈，反而大发脾气道："妈，我描述了半天那款书包的样子，你还是买错了。这个包难看死了，我不要。"

"哎呀，对不起，可能是妈妈记错了。但是我现在要做饭，要不你自己拿出去换一下，商场还没关门呢？"妈妈心平气和地说。

"我才不，是你买的，凭什么让我去换？我不会换！"景文更加大声喊道。

其实，妈妈知道景文并不是不会换，而是不敢独自去解决这件事。妈妈早就知道景文在外很胆小，害怕与人打交道，但她一直不知道该用什么样的方法来改变女儿的这种性格。在买书包的这件事之后，她终于决定去咨询教育专家，以寻求培养女儿交往能力的好办法。

景文在家脾气火爆，动不动就大吵大闹，在外却很文静，又不敢与人打交道，这是其"窝里横"的典型表现。

孩子"窝里横"，与其从小所处的家庭环境有很大关联。尤其在孩子很小的时候，家长无条件地满足其所有要求，或在他哭闹后满足本不该答应的要求，这会让孩子觉得"只要我横、我闹，我就能得到想要的东西"。

可是,"窝里横"的孩子到了外面、步入社会,很容易产生交往危机,一般表现为在别人面前自卑、胆怯,或在别人面前也耍横。这两者都会严重限制孩子与他人的友好交往,会让孩子失去很多人际交往的乐趣,给他带来许多痛苦。

所以,为了让孩子与周围人融洽相处,让他体验到更多真挚的情感,家长应从小避免养成其"窝里横"的性格,要不断训练他的交往能力,具体方法可参考以下几种:

1. 在轻松的环境中与孩子协商解决某些问题

要改变孩子"窝里横"的不良习惯,家长首先要注意为孩子营造一个和谐的家庭氛围。平时生活中,家长之间不能经常吵闹,不能乱发脾气,尤其不能在孩子面前表现出许多不良情绪。否则,这些不良情绪会潜移默化地影响孩子,让他也变得暴躁、易发脾气。

一般来说,孩子合理的要求,家长可以尽量满足他;但对于一些不合理要求,家长应在相对轻松的环境中对孩子做出解释,心平气和地告诉他如果太过蛮横,父母就不再理睬。当然,家长也应让孩子表达自己的想法,且最好写一个文字协议,这样可以时常提醒孩子遵守约定。

2. 经常教孩子礼貌言行

"窝里横"的孩子有时会做出一些不礼貌的言行,比如在外人面前也表现得蛮横无理,或对别人的关心与问候不理不睬。对此,家长应时常要求孩子说礼貌用语,要让他平心静气地表达自己的观点。久而久之,孩子的言行举止就会更加规范,在与家长或其他人交流时也会更加自信。

3. 多鼓励孩子与周围同学、亲戚和邻居交往

为了让孩子从小拥有较强的人际交往能力,家长应尽早鼓励他与周围人沟通交流。平时生活中,家长可以经常带孩子到亲朋好友家做客,但此前应与孩子统一意见,假如孩子并不愿意去,那么家长强迫他,只会让他更加反感,并产生许多负面情绪。

此外,孩子有空闲时间的时候,家长应鼓励他独自去同学家做客,或与同学一起做功课。在这样的实际交往活动中,孩子为了获得他人的认可与肯定,会逐渐改掉自己原有的一些不恰当行为,也会慢慢变得勇敢、大胆。

 细节68：教孩子正确看待与朋友之间的冲突和矛盾

妈妈下班回家的时候，在小区门口看见自己的女儿正站在那里，孤零零地一个人不知道在做什么。

"贝贝，你在这里做什么？"妈妈走过去问。

贝贝似乎是在想事情，一直盯着某个方向在发呆，妈妈和她说话的时候，竟然半天没反应过来，当妈妈再次提高了声音问她的时候，她才"啊"的一声回过神来。

"怎么在发呆啊，想什么呢？"

"妈妈……"好久都不撒娇的贝贝突然钻进了妈妈怀里，呜咽地说道："小九是不是不理我了，不和我玩了？"

"咦？你们怎么了？吵架了吗？"

"我们闹矛盾了。"贝贝撅着嘴说道："有个女孩想和我们一起玩，可我不喜欢她，她经常在背后说别人坏话，连小九的坏话都说过，我讨厌她，不想和她玩，可小九却很喜欢她，然后我们就闹矛盾了。"

"哦，原来是这样啊。"妈妈正好看到小九正在不远处和一个女孩子在玩。不过可以看出来，小九玩得也是心不在焉的，时不时的会朝女儿这里看。

妈妈心里好想笑，这两个女孩子真有趣，明明想一块玩，却因为添了个伙伴而闹矛盾。

"其实，你可以告诉小九那个女孩子做过的坏事啊。"妈妈提议，但她并不认为这是个好办法。

"不行啊。那样我不就变得和那个女孩一样，在背后说人家坏话了。"幸好女儿也没认可这个方法。

妈妈继续提议道："那要不然，你就去和她们一起玩，慢慢让小九知道女孩的本性。你和小九总闹矛盾的话，万一小九被欺负了怎么办？"

"真的会被欺负吗？"女儿担心地说道："可是，我们刚刚闹别扭，现在再找她

玩的话……"

"有矛盾是很正常的事情，关键在于，矛盾产生后，你会怎么解决掉它，积极的踏出第一步，是很勇敢的行为哦。"妈妈鼓励道。

贝贝听了，深吸一口气，对妈妈说："我知道了，我现在就去找小九谈谈。谢谢妈妈。"说完，就向着小九和那个女孩跑了过去。

孩子之间的别扭是常有的事，孩子之间的矛盾，来得快，去得也快，家长不必看得那么严重。对孩子来讲，这些打闹能促使他们慢慢了解自己与他人的关系，知道蛮横、不讲理、任性霸道在交往中是行不通的，并从中学会与人相处，妥善处理问题的方式。同时，学会原谅别人是孩子的必修课，有利于克服以自我为中心的狭隘意识，知道"我"与"他"的含义，有利于人际关系的和谐，提高和培养孩子的社会适应能力与合作精神；有利于帮助孩子学会宽容忍让，为别人着想，从而促进孩子良好性格的形成。

虽然我们知道孩子之间的矛盾没什么大不了的，但是，当孩子哭哭啼啼地来诉苦时，家长应该做些什么呢？

1. 孩子之间发生点冲突很正常，大人无须过度紧张

如果孩子之间真的闹到了大打出手，很有可能也只是为了保护自己而已。作为家长，应该让孩子明白更好的自我保护方法并不是动手，一定还有其它办法。

在孩子之间发生冲突后，他们的直接想法可能就是："我再也不和他玩了"。但是家长可以适时地引导孩子，让孩子渐渐明白，和伙伴吵架冲突是正常的，为了一次冲突就失去一个好伙伴是不划算的。

2. 不偏袒自己的孩子

有些家长会在冲突中偏袒自己的孩子、有些则为对方小朋友说话、还有一些家长要追究到底是谁先动的手。虽然可能出于好心，这些举动却不恰当。袒护任何一方都是不公平的，也没有必要追究谁先动的手。介入孩子矛盾中时，家长应该是和解使者，而不是法官或者陪审团。谁先动的手不重要，重要的是你制止这场冲突。

3. 坚决制止攻击行为

心理学研究表明，在打架斗殴犯罪的青少年中，其攻击行为可追溯到幼儿期。因此，对孩子在争执中出现的攻击行为爸爸妈妈必须坚决制止。不能怂恿宝宝施以拳脚，更不能亲自出马为孩子讨公道。

第九章 培养孩子应对社交难题的能力

细节69：教孩子学会拒绝他人的艺术

5岁的慧慧正在小区花园里高高兴兴地荡秋千，这时，邻居家的男孩小亮凑过来，一把抓住秋千绳，让秋千停止来回荡。慧慧正要问"你干什么"，小亮就开始将她从秋千上拽下来，一边拽一边还理直气壮地说："你下来让我玩会儿，我都好久没荡秋千了。"慧慧死死抓住秋千绳不下来，小亮就继续拽。结果，小亮一使劲儿，两人都相继摔倒在地，哭声此起彼伏。

慧慧的妈妈知道此事后，觉得女儿不懂如何拒绝别人，尤其是不敢对别人的无理要求大声说"NO"，这会让她吃亏。于是，妈妈决定用心教孩子学会拒绝他人的艺术。自那以后，妈妈经常会咨询许多教育专家、心理学家或社交礼仪老师，以寻求教孩子拒绝他人的好方法。

在妈妈的耐心培养和积极引导下，慧慧渐渐学会了许多与人交往的技巧，也学会了如何在不损害各自利益的基础上拒绝他人。

一次，慧慧穿好衣服准备和妈妈去游乐场玩，小亮却来敲门，说要和慧慧一起摆弄他的新玩具。这时，慧慧说："现在妈妈要带我出去，我们先去办事，回来我立马去找你玩好吗？不然我一直想着要出去，我们俩玩的时候也高兴不起来，你说对吗？"

慧慧说这话时语气温和，面带笑容，小亮自然也不会生气。他想了想，觉得慧慧说得有道理，于是便笑着说："那好吧，你先去忙，记得回来找我玩哦！"

大多数时候，家长都会教育孩子，要学会与人分享，对他人要慷慨大方一些，这样才能获得他人的支持与信任。一般来说，家长这样的教育方式并没有错，毕竟懂得分享、慷慨大方等，都是每个人应具备的优秀道德品质，能帮助孩子建立起良好的人际关系。

但有时，对于别人提出的不合理要求，或自己无法轻易完成的事，孩子也应学会拒绝，以免给自己和对方带来更大的困扰。

当然，拒绝别人并不是一件很容易的事，像上述故事中的慧慧，在第一次与小亮有分歧时，就没有用对拒绝的方法，结果就导致"两败俱伤"。生活中还有另外

一些孩子，会在拒绝别人时，因感到不好意思而不敢言明自己的想法，或因摸不清对方的意思而对其产生误会，这同样会给双方的关系埋下隐患。

所以，作为家长，要想提高孩子的交往能力，就应从小注意教孩子学习拒绝他人的技巧，具体方法可参考以下几种：

1. 让孩子学会与别人"磨嘴皮子"

教孩子和别人"磨嘴皮子"，实际上是让他学会与人商量的交往技巧。当孩子与别人产生意见分歧时，孩子表现得很不耐烦或直接厉声拒绝，就很容易激怒对方，或对他造成心理上的伤害。与其如此，孩子不如用商量的口吻与他交流，对他动之以情、晓之以理。

上述故事中，慧慧的妈妈在教女儿拒绝他人的方法时，就时常告诉她遇到问题要和别人心平气和地商量，要让对方感受到诚意。后来，慧慧要出门时遇到来找她玩的小亮，她也正是用商量的口吻与其对话，如"妈妈要带我出去，我们先去办事，回来我立马去找你玩好吗"，而之后一句"不然我一直想着要出去，我们俩玩的时候也高兴不起来"，这也算是对小亮"动之以情"。

2. 鼓励孩子大胆说出拒绝的理由

对于别人的某些要求，如果孩子不愿意答应，家长应鼓励他直接向对方陈述拒绝的理由。比如，孩子身体不舒服，不想出门，同学却要叫他出去一起买东西。这时，孩子应直接告诉对方自己的身体状况，要让对方了解自己的苦衷。

另外，很多孩子总是碍于面子，不好意思当面向对方说出推拒的话。这种情况下，家长可以教孩子"自言自语"，让他小声说出自己心中所想。对方若是识趣、懂礼貌之人，听到孩子这么说，他也会主动放弃之前所提要求。

3. 让孩子泰然接受他人的拒绝

7岁的璐璐放学回家后一脸不高兴的样子，妈妈关切地问："宝贝怎么了，今天怎么不开心啊？"

"我们班的西西画的卡通画很好看，今天我想让她帮我画一幅，可她一口拒绝了。"璐璐郁闷地说。

妈妈听后微笑着说："原来是这样啊！宝贝别难过了，或许西西是有她的难处呢？你想，你们每天放学都要写作业，写完后都到睡觉时间了。如果西西让你给她画画，你写完作业后还有那个心情和时间吗？"

璐璐想了想说:"哦,我知道了,西西肯定是没时间帮我画。那我就不给她添麻烦了,以后她有空的时候再帮我画吧!"

在与人交往的过程中,孩子也有可能被他人拒绝。这时,家长应该教孩子泰然接受别人说"NO",让孩子通过换位思考理解他人的苦衷。

细节70:如何引导孩子宽以待人

学校组织了一次春游活动,要求必须带一名家长陪同,这样一来,既可以保证学生们的安全,又能增加一些亲子活动,可谓是一举两得。为了保证学生和家长的安全,学校还安排了一些工作人员,沿途照顾他们。

但是在路上,发生了一件不太愉快的事情,两个妈妈去洗手间的时候,把孩子交给了工作人员,让他们帮忙照看一下。可当两个妈妈从洗手间出来的时候,却发现孩子不见了。

原来因为需要照顾的孩子太多,有一位工作人员一时疏忽,就把两个孩子看丢了。等工作人员找到孩子后,已经是傍晚,原来两个孩子贪玩迷了路,又冷又饿的在郊外的小树林里伤心了半天。

一位家长很生气地质问孩子:"到底是谁没把你看好啊?"孩子一言不发,只知道不停的哭。"走,到学校投诉他去!"孩子哭得更凶了。

而另一位学生的家长则没有责备任何工作人员,而是来到孩子身边,蹲下身子,一边拍着他的后背,安慰自己的孩子,一边对他说:"儿子,不哭,妈妈在这里,已经没事了。刚才你们老师知道你不见了,吓得脸都白了,为了找你连裤子都挂坏了,她不是故意把你看丢的,你受了惊吓,你们老师也吓到了,咱们一起去安慰一下她,好不好?

儿子听到妈妈的话后,便渐渐不哭了,慢慢走到老师身边,对她说道:"老师,谢谢你找到了我们,要不然,我们都不知道能不能回来呢,给您添麻烦了,真对不起。"

这件事,本来是工作人员的失误,而现在家长和孩子竟然原谅了他们,老师激动的眼睛都湿润了,"没事,老师也有错,平安就好。"

可见，宽容是一帖健康的良药，是一种美德。在遇到类似的事情时，我们应该向那位大度的家长学习，告诉孩子，我们每个人都有可能犯错误，只有大方地看待别人的错误，才能原谅别人。如果我们一直是气气鼓鼓，对自己的精神也不好呐。

除了上述的故事外，在生活中，孩子之间的遇到些磕磕碰碰更是常有的事儿，这就更需要家长引导孩子学会宽容，宽以待人。这是因为，孩子在与别人交往时，由于判断分析能力有限，他们很容易觉得自己总是对的，别人总是错的。当别人有一点点错误时，他们便不愿意相互原谅。

表面上看，宽容只是一种放弃报复的决定，这种观点似乎有些消极，但真正的宽容却是一种需要巨大精神力量支持的积极行为。一个人能宽容的人越多，赢得的人心就越多。宽容可以帮助我们恢复友谊。研究表明，一个人的性格主要是在儿童、青少年阶段形成和基本定型的。特别是早期的性格对人的一生影响很大。因此，重视培养孩子宽以待人的良好性格显得尤为重要。

这时，家长应想方设法帮助孩子学会正确地待人处事。告诉孩子，多给别人一点宽容，也就等于多给了自己一点快乐。

1. 消减孩子的报复心理

报复心理是一种以攻击方式对曾经给自己带来不愉快的人发泄怨恨和心中不满的情绪，危害健康的心理状态。有报复心理的人容易误解他人的意思，对他人经常有戒备防范心理。任其发展的话，心胸会越来越狭窄，与人相处较难。

2. 宽容是不计较小事

人与人相处，难免会有误会或磨擦的事情产生，只要有忍耐、包容、体谅的心态，不斤斤计较、患得患失，要将心比心，多从对方的角度考虑问题，要把度量放宽、眼界放远，化解矛盾。必要时，家长让孩子体验一下苛求他人的害处，如毫不容人，也得不到别人的原谅，容易被孤立，失去友谊。另外，如果从宽容、欣赏的角度看待同一个人，缺点就变成了优点。

3. 告诉给孩子对人宽容但要有原则

准确地说，就是对小是小非，没有严重后果的个人冲突、无意的损伤等不要放在心上，要加以宽容、忍让。对影响友谊和造成较大损害或有意的破坏行为等，就要采取灵活的方式，诚恳地加以批评、制止了。

第九章 培养孩子应对社交难题的能力

 **细节71：教孩子从不同的角度去看问题**

妈妈在教儿子做数学题，有一个看图题，画了8个小朋友在玩跳绳游戏，有两个小朋友是摇绳的，另外6个轮流跳绳。

题目的要求是，用X+Y的形式，表达这副图的算式。

儿子马上回答说："2+6！2个摇绳的加上6个跳绳的。"

"嗯！我儿子真聪明。不过你再仔细想一想，换个角度去想一下这个问题，没准会有其他答案哦。"妈妈这次的题目，主要就是培养儿子的发散思维能力，让儿子学会看问题不要只看表面，要多从个角度，多方面去思考。

"怎么样？想到没有？"妈妈问。

"嗯……不知道了。"儿子左看看，右看看，怎么也参不透这副图还有什么玄机。

见儿子这么苦恼，妈妈便给了点提示，对他说："你是男孩子，那妈妈是什么呢？"

"啊！我明白了，是3+5，这里面有3个男孩子和5个女孩子。"儿子眼睛一亮，赶紧回答。

"对了！不过如果你能不用妈妈提醒就想到，妈妈就更高兴了。"妈妈略带惋惜的看着儿子。儿子羞愧的低下了头，又去看那副画，不一会儿，他高兴地举起了手，对妈妈说："妈妈，我又发现一种方法，4+4，4个胖子，4个瘦子。"

"哎呀，妈妈都没发现这一点呢。"妈妈惊喜地连连夸奖他，看来今天颇有收获，儿子已经学会换个角度看问题了。

可见，如果人只会从单一角度观察、思考问题，得出的认识是片面的，解决问题的方法是单一的，表现在学习上，就是阅读、理解能力差，写作思路狭窄，思维简单。从长远讲，还会影响人际交往能力及性格，因为如果一个人只会从自己的角度看问题，往往就会忽略他人感受，而如果面对人生的起伏，只片面的看到坏处，就容易产生悲观情绪。

因此，在日常生活中，父母要鼓励孩子参与多元化的活动。无论孩子年纪多么小，都鼓励他接触不同种族、宗教、文化、性别、能力和信仰的人，这有利于孩子与不同的人坦诚相待。

家庭中，成人和儿童，父母和孩子，男性和女性，天然的就形成了对同一问题的不同观察角度和不同思考方式。作为家长，正可以利用这一天然形成的便利条件对孩子进行多角度思维的训练。在平时，可以任意选择对一种事物或问题，家长和孩子各自说出的自己的看法和思考，进行讨论。

在讨论中要注意的是，必须保证言论自由。家长要允许孩子的看上去离经叛道、匪夷所思的看法。当孩子的看法听起来不可理喻时，家长不要急于否定，不要认为孩子是胡搅蛮缠、无理取闹，急于训斥孩子，而要静下心来听孩子说完他的理由，如果孩子没有说清楚，还要说出自己的疑问，让孩子进一步说明。

有些初听起来违反常理的说法，家长也许在孩子解释清楚原因后会明白其中的合理性，而确实不合理的看法也可以进一步讨论，使孩子明白自己的看法不合理的原因。在冷静、理智的态度下，一切问题都可以讨论，错误的看法会在讨论中得到纠正。通过讨论，孩子会了解他人的感受、看法，会使自己的思维严谨、深刻，更能学会从多个角度看问题。

细节72：如何提高孩子的口才

秋铃是个温顺乖巧的小女孩，笑的时候嘴角挂个小酒窝，要多可爱有多可爱。可就是这么可爱的孩子，语言表达能力却不太好。

很多时候，秋铃说话都语不达意，很难把意思表达清楚。

妈妈觉得这样下去可不行，得想办法提高一下她的口才。她来到在小学当老师的老同学冰燕家里，想向冰燕请教一下。

"冰燕，你是怎么教你们家小水的，口才那么好，说话又溜又风趣，我都羡慕死你了，有这么个贴心宝贝。不像我们家铃铃，嘴笨死了。"秋铃妈妈一坐下来，就直奔了主题，向冰燕请教到底用什么方法，能提高孩子的语言能力。

冰燕抿嘴笑了笑，说道："哪有你说的那么夸张，只不过是嘴巧了点而已。"

"要的就是嘴巧嘛。到底怎么教的？快告诉我。"秋铃妈催促道。

冰燕想了想，回答说："其实我们也没刻意去教她说话，就是平时多和她沟通，引导她多开口说话，不管说什么，只要能说、会说、敢说就行。"

"我们也是这样啊，只不过铃铃总说不到点儿上，让人着急。"

"孩子是很敏感的，当孩子尝试和家长沟通的时候，不管她说的对或错，有没有意义，父母都不应该表现出失望或者没兴趣的样子，这会大大打击孩子说话的积极性，变得不喜欢开口说话。试问，如果孩子不喜欢开口，口才又怎么能锻炼出来呢。"

"我明白你的意思了，就是尽量让孩子多说话。然后不管说的是好是坏，咱们做父母的都得先表扬再纠正！"

"对喽，就是这么一回事。"冰燕夸张地点了下头，秋铃妈"求学"成功，高兴的回家"试招"去了。

当今社会"口才"是衡量一个人自身能力的标准，拥有一口好口才的人的事业相比要顺利很多，所以人们现在越来越重视个人口头表达能力，但是未必人人都具有良好口才。因此，锻炼孩子的口才也是其情商教育的一个重要内容，家长着手的时间越早越好。那么，父母该怎样帮助孩子提高语言表达能力和口才呢？

培养孩子的语言表达能力，不是一门课程，更不是什么高深的学问，需要我们拿出多少时间和精力，或者需要我们掌握怎样的理论。对家长们来说，做这件事就如小河流水，重在绵长而无声，轻柔而无痕；要贯穿于生活中的方方面面，每时每刻。每天一睁开眼睛，我们就要说话，所以引导重在随机随意，而不是刻意为之，更不是当做上课一般，一本正经地给孩子讲技巧。

培养孩子抽象思维能力。在说话的时候要注意表达的主题，并围绕表达的主题把意思的一层一层地说清楚，如果说了半天，别人还不清楚你在说什么，那是很失败的。而抽象思维能力能帮助孩子很明确地表达自己的意思。

带孩子多出去与人交往，刚开始可以是身边熟悉的人，慢慢让他接触到陌生的人，也可以让小孩独立做一些事情，记得给他点表扬或是鼓励。平时记得给他讲一些故事，然后让小孩跟其它朋友一起分享受。然后，多领孩子参加一些能够锻炼胆子的活动，多带孩子出去玩一玩、走一走。

和他谈他感兴趣的事情。让他思维活跃、提高自信。如做什么比较有成就感、喜欢什么东西、喜欢的理由等等。

让孩子多说，锻炼口才。陪着他一起朗读课文、散文之类的文字著作，同时提高他的知识积累，每个文字作品都带有作者的情感，让他试着体会其中蕴含的情感，同时让他朗读出来。

细节73：共情，让孩子学会换位思考

冬天的早上，外面下起了小雪，妈妈怕女儿挨冻，就对她说："一会儿上学再多穿件毛衣，今天要降温呢。"

"我现在穿的挺厚的，不用了。"女儿漫不经心地回答道。

"你身上这件哪能行，还不如秋衣厚呢，快去把毛衣穿上。"妈妈看着女儿身上穿的那薄薄一件小线衣，连连摇头。女儿却不以为意，指着门口挂着的羽绒服说道："不是有外套吗？把羽绒服穿上就暖和了，一点也不冷。"

"你上课的时候不是得把外套脱掉吗？教室那么大，暖气不一定足，乖，听话去把外套穿上。"

"妈妈你怎么这么烦啊，我冷不冷自己还不知道啊，真是的，天天唠叨个没完没了，真让人受不了。"女儿突然站起来吼了出来，把爸爸妈妈吓了一跳，爸爸训斥道："丹丹，怎么说话呢？你妈妈这还不是为你好。"

"可我真的不需要嘛。"女儿也觉得自己刚才的话有点重了，可自己是被念叨烦了，才会脱口而出的。

"好了好了，随便你穿不穿吧，我也不管了。"可妈妈已经被女儿的话刺伤了，板着脸回房间收拾自己的东西去了。

爸爸看看女儿，无奈地叹了口气，对她说："你为什么不能站在妈妈的立场上想一想呢？她只是心疼你，她唠叨你，那是因为爱你，你看别人家孩子他唠叨吗？如果是你妈妈，你的孩子那样说你，你会有什么感觉？妈妈很伤心的。"

女儿照爸爸说的试想了一下，如果自己将来的孩子站在自己面前，说了刚才那些话的话……她肯定要发疯，难过死的。

想到这里，女儿赶紧追着妈妈进了房间，真诚地对妈妈说："妈妈，对不起，我不该凶你的，你放心，我冷的话，肯定会乖乖穿衣服的，我都这么大了，不需要你提醒的。"

"哎……"妈妈摸摸她的头，语重深长地说道："只要你懂妈妈的心，就行了。"

正如上面故事中写的，当孩子发脾气的时候，父母会先批评教育，再耐心讲道理，让孩子明白自己的错误，争取以后不要再犯了。可实际上，这种教育效果往往不佳，孩子并不知错也不认错，下次还会再犯。

问题在于父母没有意识到"以理服人"的前提是"以情感人"，也就是"共情"，也被称为换位思考。共情，就是站在对方的角度来理解对方，就好像感受到对方的情绪体验一样，并用恰当的方式表达出对对方的理解与感受。

发脾气的孩子是情绪脆弱的，他们的内心冲突及困惑比不发脾气的孩子更强烈，承受的心理压力更大，他们更需要父母设身处地的共情，需要父母的安抚与帮助，可是，他得到的更可能是父母的压制与批评。

共情，需要父母降低自己的心理年龄，根据孩子的阅历、理解能力、做事方式以及情绪调节水平来理解孩子的心灵，感受孩子的困惑烦恼与喜怒哀乐。

"共情"的关键在于抛却自己的立场与成见，站在对方的角度去感同身受对方的思考与体验。做到这一点不容易，因为每个人都有自己独特的思维方式和情绪体验，我们不容易很快、很准地察觉对方的心灵世界，也不容易很快、很准地找到合适的共情表达方式，让对方感觉到我们的共情。共情，需要双方共同探索，在不断的互动交流中达到理解与沟通。

共情是共鸣，不是说教。共情不是一句简单的"我理解你"之后，立刻转为"但是"，以"正确的道理"来判断和评价孩子的是非对错，然后等着孩子点头或者"默认"了，再很快付诸行动、"知错就改"。这样孩子实际上没有被理解，他的想法和情绪并没有机会澄清，他并没有领会自己为什么会发脾气，发脾气到底给自己和别人带来什么不愉快，而是懵懵懂懂地接受父母的说教。

细节74：正确引导孩子与异性交往

"妈妈，我们今天调座位了，可是老师把我和一个男生调到了一起，我从没有和男性做同桌，总害怕他会偷偷看我，上课的时候总是分心。"小楼一放学回家，就和妈妈讲起了学校的事情，当然，也包括自己遇到的一个小问题或小秘密。

妈妈很高兴女儿能来找自己分享她的秘密。当听到女儿因为和男生同桌就开始不自在，妈妈开始意识到女儿开始在意异性了。如果处理不好的话，女儿很可能会出现早恋的倾向。

妈妈坐到女儿对面，语重深长地对她说："我觉得，不仅是你感觉紧张，你的新同桌肯定也会紧张的，这是很正常的现象，是每个步入青春期的孩子都会有的经历。"

"真的吗？"女儿松了口气，但接下来又有新的疑问了。

她说："可是我不知道怎么和他交流。一想到要和男生说话，心里就很紧张。"

"跟异性同学交往贵在坦诚率真。"妈妈想了想，认真地对女儿说："你想想，我们平时和同性做朋友的时候，都说要真诚，和男孩子想要正常交往，肯定也要真诚，真诚是建立友好关系的第一要素嘛。其次呢，说话的时候要注意，不要谈论比较敏感的话题，比如评论对方的长相，这既是很不礼貌的行为，也是容易让人误会的地方。"

"好的，我懂了，我会尽力做到这些的。"女儿像是想明白了，用力地点了点头。

小楼在重新调整座位后，和一个男生做同桌，这让她很不自在，回家后和妈妈讲了，才引起了妈妈的注意：女儿开始进入青春期了。但她没有显得大吃一惊，或者对孩子盘根问底的打听，而是以对女儿放心的态度，将这件事儿当做正常的人际交往来看待，减轻了小楼的心理压力，也对妈妈的话更信服了，不知不觉中解决了这个"异性共事"的问题。

心理学研究表明，在初中阶段后期，男女生之间开始融洽相处。一些男生与女生的心中，会有一位自己所喜爱的异性朋友。随着他们的身心发展与成熟，这种情感很可能渐渐地淡化下去，甚至完全消失。但当家长采用一些极端的方式干涉、禁止，就容易激化孩子的逆反心理或是带来孩子的心理困扰，将问题复杂化，适得其反。因此，遇到类似情况家长要做的是对孩子进行指导、引导。

1. 以坦然的态度引导孩子和异性交往

家长应指导孩子学习如何在彼此尊重的基础上与异性落落大方、合理、适度的交往。家长对于孩子与异性的交往应采取客观、积极的态度，这样才有利于孩子形成正确的异性交往观。家长坦然、积极的态度能消除孩子过强的好奇心和逆反心理，学会与异性融洽相处。

第九章　培养孩子应对社交难题的能力

2. 家长巧妙引导，减少不利影响

家长采用简单粗暴的手段去强行制止异性间交往，会使孩子感到孤立无援，就会越陷越深、困扰不断。只要家长处理得当，将孩子的这种情感控制在相当有限的程度内，这种情感也有一定的意义。因为，当孩子希望异性同学认可自己时，就会更加自觉地用高标准要求自己，进而尽可能地去完善自己，从而促进各方面的发展。家长可以主动帮助孩子分析自己的优势、努力方向，将其注意力自然地转移到学习等有意义的活动中，并促使其付出更多的努力完善自己。

如果孩子已经因为与异性交往引起学习成绩下降，家长将心比心的理解、支持，才能从根本上帮助、改变他。家长要保持冷静，不要一味地认为"早恋猛于虎"，要相信在家长的帮助下孩子会有能力克服成长中的困难。对于孩子，学习知识固然重要，成长中的必修课——与异性交往也是不可缺少的。

细节75：熄灭孩子的怒火

奈奈周末和妈妈一起出去玩的时候，在公园里遇到了同班同学王渺，他正牵着他家的小狗在遛弯呢。

奈奈很喜欢小动物，见小狗可爱，便想过去和小狗一起玩会儿，但王渺却制止了他，对他说："我家狗认生，你如果和它不熟悉的话，我怕它会咬你。"

"我就摸一下，趁它还没发现，我就把手缩回来，行吗？"奈奈满心期待地问，可王渺还是摇头，这下，奈奈不高兴了，抬起脚就想去踢小狗，小狗机灵地躲闪开后，冲着奈奈就扑咬了过来，奈奈和王渺都吓坏了，一个赶紧往后退，一个赶紧拉住狗链，这才没有发生意外。

"我就说它会咬你的吧。"王渺紧紧地拉着狗链说道。

奈奈先是吓得说不话来，缓过神来之后，他觉得自己真窝囊，竟然被一只狗吠，气不过，就把气撒向了王渺。

"连只狗你都教不好，带出来乱咬人啊。"

"是你要踢它，才会……"

"一点教养也没有，真是什么人养什么狗。"奈奈气呼呼地说道。

王渺当然不服气被人这样奚落，马上就回嘴，把奈奈也讽刺了一下，奈奈被狗欺负，又被人损，顿时火冒三丈，撸起袖子就想动手。

幸好这个时候妈妈走了过来，看见他们两个一个个都跟气葫芦似的，妈妈马上开始了解情况，当妈妈知道了整件事情的发生和发展后，首先批评了奈奈，对他说："你生气可以，但是你怎么能因为自己生气而随便骂人、打人呢？有时候，我们应该尽量克制住自己愤怒的情绪，不能让坏情绪带着我们跑，明白吗？"

奈奈惭愧地点了点下头，主动向王渺道了歉。

正如故事中的奈奈一般，本来想逗狗，却被狗吓坏了，还恼羞成怒把气撒到同学的身上。不但是奈奈，很多孩子在生活中也会出现这种情况，究其原因，是在于愤怒的孩子看起来气势汹汹，其实他的内心是惊恐不安和悲伤的。一件很小的事会使他感到自己受到了严重威胁，而且他除了奋起反抗外别无选择。

另外，当孩子觉得自己或自己所关心的人受到了委屈，他会很愤怒。这时，我们家长最好的反应就是听他说些什么，看他讲的是不是有道理。如果愤怒的人得到倾听并得知有切实的补救方法，事情就会迅速了结，情绪也随之归于平静。

因此，孩子的愤怒有时来源于恐惧和悲伤，有时则是对不公正的情绪性反应。无论何种情况，只要愤怒的发泄能为人理解并得到倾听，孩子和家人都会从中受益。

1. 尊重孩子愤怒的权利

首先，需要认可孩子有权利愤怒。愤怒是他自我肯定的表示，说明他有勇气表达自己的想法和需要，而一个不敢怒或者敢怒而不敢言的人，很有可能形成抑郁情绪，或者情绪积累超过极限而突然爆发。所以，家长要把他愤怒的权利与愤怒的行为方式区分开来。

2. 解决引起愤怒的事情

不管怎样，当家长判断孩子产生愤怒以后，不要被他愤怒的行为方式所迷惑，而是直接关注引起愤怒的事件，从解决问题的角度提高孩子做事和做人的能力。

3. 家长不要生气

不但孩子有愤怒的权利，家长也有愤怒的权利，但是，为了他的健康成长，家长与孩子不可要求平等的愤怒权利，否则，其结果只会"两败俱伤"。

4. 提高对孩子愤怒的预测水平

家长要注意观察和总结，看哪些事情出乎意料之后可能导致孩子愤怒，从而掌握孩子的情绪变化规律，然后采取相应的措施，以预防他因情境变化而不能如愿时产生激动的情绪。其实，这也是发现和调节孩子性情和个性的过程。这样他就会学着根据实际情况调节自己的情绪，来配合家长的行为。

细节76：鼓励孩子勇于承认自己的错误

妮妮周末一个人在家，妈妈给她留下了叫外卖的钱，可妮妮突然想自己动手学着爸爸妈妈的样子做一顿可口的食物。可刚进厨房没多久，她就把酱油瓶子给摔到了地上，玻璃瓶碎后，深黑色的酱油流了满地，还有一些洒在衣服上了。

妮妮顿时慌了神，不知道是该先洗衣服还是应该先清理地上的污渍。六神无主的时候，她突然听到有人开门回来了，她吓的赶紧一溜小跑回到了自己房间，听着外面的声音，原来是爸爸提前赶了回来。

"妮妮，爸爸回来了，中午饭吃了没？"爸爸就担心她吃不上饭，所以提前赶了回来，可他在客厅叫了几声都没听到回应，倒是有一股酸酸咸咸的味道，从厨房里飘了出来。

"妮妮，你在自己做饭吗？"爸爸走进厨房，看到地上那一摊酱油后愣住了。

"爸爸……你怎么回来了？"妮妮悄悄地从房间走了出来，身上穿着的，还是刚刚弄脏的衣服。

"这是怎么回事？"爸爸板着脸问。

"没……我不知道。"妮妮下意识地摇起了头。

爸爸见她犯了错还敢撒谎更加生气了，可看她那害怕的样子，他觉得自己不能吼出来。爸爸深吸了一口气，压下心里的火气后，对妮妮说："妮妮是不是觉得自己打翻了东西，怕爸爸妈妈说，才说不知道的？"

"……"妮妮双手放在身前用力绞着衣下摆。

爸爸叹了口气，蹲下身子来，压低了声音对她说："爸爸不会怪你的。毕竟不管大人还是小孩，都会犯错啊，不过好孩子要勇敢，犯了错，要勇于承认。"

妮妮听了，头又低下去了，小声对爸爸说："爸爸，对不起，是我错了。酱油是我弄洒的，我撒谎了。"

"承认自己错了就是好孩子，可你还犯了一个错误。"爸爸指着地上的酱油汤说："地板你没打扫干净，而且衣服脏了也不及时泡起来，到时候洗起来会很难的哦。"

"我……我现在就去洗衣服和擦地板。谢谢爸爸不生我的气。"妮妮终于露出了一个笑脸，迅速的跑回房间，换上了一身打扫时穿的旧衣服，和爸爸一起打扫厨房的地板。

生活中，许多父母认为严厉的惩罚可以制止孩子撒谎，其实不是这样。严厉的惩罚会让孩子产生强烈的恐惧感，不敢面对事实，不敢面对父母，这样孩子就会产生自我防卫心理，会将撒谎"进行到底"。因此，父母在发现孩子犯了错误之后千万不可着急、气恼，更不可不问青红皂白就把孩子狠狠地训斥一顿。明智的父母会给孩子改正的机会，会耐心地引导孩子承认错误。当孩子主动承认错误时，父母应该给予鼓励，肯定孩子说实话是好的表现，然后指出错误的危害性，让孩子在鼓励中知错改错。

1. 堵塞孩子说谎的可能性

当孩子有说谎的毛病时，父母要做的是对孩子的行为进行观察，必要时对孩子的言行做些调查核实，这样可以堵塞孩子说谎的漏洞，或者使孩子的谎言不攻自破，千万别让孩子尝到说谎的"甜头"。

2. 容许孩子犯错，但必须承认错误

在教育孩子勇于承认错误这一问题上，一般的家庭缺乏一种健全的"容错机制"，要么认为孩子的错误用不着纠正，长大了自然就好了；要么认为孩子不能有错误，要做就得做好。前一种态度会导致孩子自以为是、知错不改的恶习；后一种态度会导致孩子压力过大，往往以撒谎的方式来缓解父母的期望给自己带来的紧张。有些父母则采取惩戒的方法纠正孩子的说谎，这种为"戒"而"罚"也是爱的基本方式之一，然而这又是一种最令人棘手和带有风险的爱，因为孩子容易对施加惩戒的人产生逆反心理。不过，如果父母的惩戒出于爱心，又执行得合理、巧妙，事后让孩子明白其中的道理，也会让孩子受益很大，并心悦诚服。

3. 及时表扬孩子的勇气

很多父母只会在孩子表现"精彩"时才给予奖励，殊不知，勇于承认错误是很难得的品质。做父母的一定要鼓励孩子勇于承认错误，并给予奖励、表扬。此外，

父母要帮助孩子找到犯错误的原因,然后和孩子一起寻求解决的办法。很多时候,失败的经验、教训更能够推动一个人的成长。高明的父母可以让孩子在否定自己的过程中看到自己的成长,体会到更深刻的成就感。

细节77:不能戴有色眼镜看孩子的朋友

落落这次考试成绩下降了不少,妈妈问她怎么回事,她答不上来。明明她很用功的念书和复习功课了,可能是考试的时候太紧张,没发挥好吧。但这种情况妈妈肯定不会接受的,所以落落什么也不敢说,低着头不敢看妈妈。

这个时候,落落的好朋友来找她一块出去逛街。听到落落妈的数落后,便上去劝道:"阿姨,落落的成绩比我好多了。"

朋友这么一说,落落妈更来气了,连落落的朋友也数落了起来:"成绩不好还不在家补课学习,出去逛什么啊,要是我早蒙被子里偷偷哭,没脸见人了,哪还像你们这样到处乱逛。脸皮真厚!"

朋友气得眼泪都快掉下来了,咬着嘴唇从落落家跑了出去,落落生气地问:"你们怎么连我朋友也训,她功课好不好,又不关你们的事。"

"怎么不关我们的事儿,总和这种差学生一起玩,你的成绩才会变差的。"妈妈恨恨地说道:"从今天开始,不准再和她一起玩了,多和你们班学习好的同学接触接触。"

从那以后,妈妈果然开始干涉落落的社交了,只要是差学生或者是问题学生,妈妈都不允许落落和他们来往。久而久之,落落也渐渐习惯了用有色眼镜看人,不仅对自己身边的人开始挑剔,连爸爸妈妈身边的人也开始挑肥拣瘦,嫌弃爸爸妈妈交朋友没品味了。

可以说,落落妈的教育方式是很粗暴且无效的,她的不留情面和呵斥伤害了自己孩子的心,也损耗了孩子和朋友的友谊。落落妈的做法很出格,但是在生活中有不少家庭的父母也会以类似的眼光看待孩子和成绩差的同学的交往,生怕孩子被"带坏"了。家长们这样的观点和做法对孩子的心理和情绪发展有着很严重的负面影响。那么,父母应怎样对待孩子的朋友,特别是成绩不大好的朋友呢?

1. 善待孩子的朋友

朋友的形成原因是多方面的，有的是有共同的兴趣爱好，有的是性格脾气相近，交朋友的目的，并不都一定是为了提高学习成绩，有的是为了感情表达的需要，有的为了互相帮助。但既然是朋友，就肯定有感情，有许多共同之处和共同语言，如果家长不能容忍孩子的朋友，就等于不能容忍孩子。

正是从这一点说，家长如果不能善待孩子的朋友，就是不能善待孩子。家长不能太功利，不要认为孩子一切都必须为了提高学习成绩。交友应该是广泛的，交友的目的也应该是多方面的，只要是正常的朋友，他们在相处和沟通过程中各自都能有所获得。

2. 相信每个孩子都有自己的特长和优势

孩子学习成绩不好，并不等于一切都差。成绩只是人的素质的一个方面。每一个人都有自己的特长和优势，都有值得别人学习的地方。人的素质是各方面的综合，只要博采众长，广泛吸收各种不同类型的人的长处，才有可能成为一个高素质的人。有些家长只希望孩子同学习成绩比自己好的同学交友，还以"近朱者赤，近墨者黑"的理论作依据，拒绝和干扰孩子与学习成绩比自己差的孩子来往，这是相当片面和狭隘的。假如每个人都这样，那么，任何朋友都不可能有了。因为成绩是相对的，如果成绩比你好的人也这样，他也就不愿和你交朋友。因此，与成绩差的同学不但可以交友，而且也应该交友，既是为了学习，也是为了帮助。从某种角度讲，还可以培养自信心。

第十章

8个技巧，培养孩子成功欲望和自我激励的情商

每一个孩子心中都有梦想，也有获得成功的欲望。在孩子成长的过程中，欲望越强烈，其产生的动力越大，孩子就越能克服困难，获得成功。可以说，成功的欲望会激励孩子最大限度地发挥自己的潜能和力量，驱使他不断用行动去实现愿望。但要让孩子用成功欲望进行自我激励，家长首先应该有技巧地培养其自信、乐观、独立、自主等方面的优秀品质，让他用最积极的心态、最科学的方法去追求成功。

第十章　8个技巧，培养孩子成功欲望和自我激励的情商

**细节78：自信——孩子走向成功的必备品质**

孩子自信与自卑心理的产生，都与周围人的言行举止及自我意识的发展状况有关。孩子年龄越小，其进行各项活动的能力越差，自我评价的水平也越低，那么他就会依附于周围人尤其是家长对他的要求和评价来认识自己。这时，如果家长对孩子的要求过高，或对其做出不恰当的评价，孩子就很容易出现自卑心理。

所以，要建立孩子的自信，让他信心满满地向成功迈进，家长还应做到以下几点：

1. 每天找个真实的理由夸孩子，肯定他点点滴滴的进步

培养有自信的孩子，家长应注意从正面引导，要及时肯定他每一个微小的进步，还要利用一两个月的时间，每天找一个真实的理由夸孩子，比如"今天的作业比前几天写得都工整"、"今天表现得很好，能主动帮爸妈做家务了"等。

其实，在成长的过程中，孩子每天都在变化，而家长要做的，就是善于观察、发现他身上那些积极的变化，并及时给予表扬和鼓励。这样不仅能增强孩子的自信心，还能让他更加清楚地认识自己，并在今后的学习和生活中进一步完善自己。

当然，家长对孩子的夸奖、表扬要实事求是，不能夸大其词，也不能肆意护短，否则会让孩子变得虚伪、骄傲自大。

2. 从孩子的角度观察、决定事情，让孩子感到被尊重

4岁的小男孩自己坐在地板上，手中正拿着一块破烂的棉布裹自己的身体玩。妈妈看到后，立即将他手中的棉布夺去，因为她觉得棉布又破又脏，不是孩子应该玩的东西。可之后，小男孩就不再理妈妈了，也不愿意玩妈妈拿给他的其他玩具。

家长看到孩子玩自认为肮脏的东西，不能冒然将其夺下，或严令孩子丢掉这些东西，否则会打击孩子探索事物的自信心，还会使其对家长产生怨恨。

其实，孩子的任何一个举动，都可能是他主动探索未知世界的行为，家长不应站在自己的立场上要求孩子，而是应该经常从孩子的角度出发去支持、鼓励并帮助他，让他感觉到自己是受尊重的。上述事例中，如果小男孩的妈妈给予其积极的暗

示,如"这布是很脏的,有气味,我想你一定不喜欢。你肯定想要一块干净的布,我们去找好不好",那么小男孩或许会欣然接受妈妈的建议,同时还不会对她产生怨恨之心。

细节79: 乐观——引导孩子快乐成长

让自己变得积极乐观其实很简单,很多时候,对于一件看似不好的事,如果换个角度去思考,或许就会豁然开朗。

心理学家认为,乐观是一种"迷人"的性格特征,对一个人的成长起着积极的作用。他经过长期调查研究发现,这些积极作用主要表现在对生活中的许多困难产生免疫力,使人的身体更加健康,使人更容易与周围人保持融洽关系以及获得幸福的家庭、成功的事业。

那么,家长到底该如何培养孩子的乐观心态呢?以下方法可供参考:

1. 家长要多用正面情绪熏陶孩子

家长应注意从小提供给孩子一些正面情绪,不吝用笑脸面对孩子。倘若家长总是表现出一些消极、负面的情绪,孩子也会受到影响。例如,在孩子学切菜时,家长因担心他太过粗心、鲁莽弄伤自己,而感到害怕或焦虑;家长对工作中遇到的难题感到烦心,并产生焦虑、愤怒等情绪,敏感的孩子就会觉察到,并受到这些不良情绪的影响。

2. 适时让孩子宣泄不良情绪

培养孩子的乐观心态,家长还应时常注意让他宣泄各种不良情绪,使其身心放松。具体而言,当孩子难过、生气或郁闷时,家长可以让他大哭一场,或给他一些可供发泄的玩具,或用他最喜欢的东西逗他开心。很多时候,孩子看到自己最感兴趣的事物,心中的不快可能立马就烟消云散了。

3. 用音乐舒展孩子的身心

音乐可以陶冶人的情操,甚至可以医治一个人肉体和心灵的创伤。

相信很多家长都有这样的感受:在听到一首欢快的乐曲时,自己会精神振奋,心情也会变得愉悦起来。其实,对孩子来说,好的歌曲同样能够让他变得快乐。儿童医学专家研究发现，给患病的孩子听他们喜爱的歌曲，可以减轻他们的疼痛症状。现代临床医学上也常用这种方法调节病人的情绪状态。

4. 让体育运动为孩子增添快乐的力量

研究表明，经常参加体育运动的孩子，不仅身体更加健康，心态也更加积极。比如，家长经常陪孩子跑步、游泳、骑自行车等，不仅能增进亲子间的感情，还能让孩子体验这些运动本身的趣味性，并让他获得更加强健的体魄，而这些都是孩子快乐的源泉。

另外，家长还应多带孩子进行其他户外活动，如爬山、钓鱼、放风筝等，这些活动本身就有较强的趣味性，另外这能让孩子更加亲近大自然，并从充满神奇力量的大自然中获得更多快乐。

细节80：教孩子学会自我激励

心理学家认为，有效的自我激励能够使人更充分地发挥出自己的能力，让自己的潜能得到充分施展。那么，一个善于自我激励的孩子，也就能使自己拥有良好的自我感觉，这种感觉会促使他不断向好的方向发展，最终在学习、生活中取得更多进步。

快要升初中的男孩继文，学习成绩不是很理想，如果再这样下去，他可能要留级，爸爸为此很头疼。

后来，爸爸想到用奖励的方法激发继文的斗志，于是便告诉他，如果下次考试的成绩能有所提高，爸爸就给他一份意外的惊喜。听了这话，继文心里美滋滋的。从那以后，他每天都坚持认真学习，平时写的作业都比以前工整多了，有时遇到难题，他就暗自给自己打气，并想尽办法去解决。结果，两个多月后的一次考试，继文的成绩真的提高了很多。

不过，继文刚考完试的时候，爸爸还没有想好要给他什么样的惊喜，因为他还不清楚继文到底喜欢什么。可就在当天，一个同学拿着一部数码照相机在继文面前炫耀，爸爸发现继文很喜欢那部相机。而且，爸爸看了继文用同学的相机拍的照片，发现他真有摄影的天赋。

于是，爸爸知道要给继文什么样的奖励了。

两天后，当爸爸知道继文的成绩，就立马给他买了最喜欢的那部照相机。看到这份礼物，继文说："爸爸，我很喜欢这个奖品，以后我会更加努力学习的！"

懂得自我激励的人，往往能在不断前进的过程中充分发挥自身潜能，最终实现自己的目标；而不会自我激励的人，就算天赋异禀，也很可能无法将其充分利用，甚至一生碌碌无为。

但是，孩子的自我激励能力不是生来就有的，这需要家长在其成长过程中不断培养。具体而言，家长可利用以下方法让孩子学会自我激励，让他不断获得前进的动力。

1. 正确表扬、奖励孩子

家长要用欣赏的眼光看孩子，要及时发现并赞扬他的优点与长处。当孩子受到赞扬，获得奖励后，他们的就会在心里形成一种自我激励的内驱力，这会促使他在今后的学习、生活中不断超越自己，督促自己进步。

当然，家长一定要实事求是地给予孩子表扬和奖励，要让孩子学会明辨是否，让他知道自己什么时候才应该得到表扬与奖励。

2. 教孩子学会积极的自我暗示

平时生活中，家长一定要教孩子学会积极的自我暗示，如当遇到困难和挫折时，让孩子不断暗示自己"我可以做到"、"坚持就是胜利"等。这样不仅能帮助孩子消除不良情绪，还能增强他的自信心，促使他调动全身心的各种潜能，帮自己更快走出困境。

3. 对孩子的目标有一个适当的时间限制

很多孩子的自我约束能力差，在起初确定目标时能努力奋斗，但时间一长就没有任何斗志了。对此，家长应该让孩子产生一定的紧迫感，让他对目标有更加明确的认识，并懂得付出与回报是成正比的。

具体来说，家长可以督促孩子每天阅读自己的目标计划，并在他做某一件事之前限定合适的时间，比如让孩子打扫屋子之前，要告诉他将屋子打扫干净的标准，有多少时间可供利用等。这样，孩子在做事时会有紧迫感，为了在限定的时间内顺利完成任务，他就会不断自我激励，以发挥自身最大潜能。

第十章 8个技巧，培养孩子成功欲望和自我激励的情商

**细节81：独立——更少的依赖，更多的自由**

从11岁起便移居法国的女孩小婷，如今已大学毕业，并成为法国巴黎某高级时尚杂志的编辑。

刚到法国时，小婷虽居住在小姨家，但从小没有离开过父母的她，一时间根本无法独自生活，甚至不敢开口说话，每天只想打电话给父母。可既来之则安之，一年以后，在小姨及周围其他人的帮助下，小婷渐渐学会了沟通，也不再依赖父母，遇到一些烦心事，她总会自己想办法去解决，而不是只给父母打电话，问他们"怎么办""什么时候能回国"等。

后来，小婷通过不懈努力考上了理想中的大学。上大学时，她不仅能够很好的完成学习任务，还经常外出打工、实习为自己赚零花钱，以减轻父母的负担。

每位家长都希望自己的孩子有很强的独立性，将来能勇敢、大胆地应对生活中的所有问题，而不是过度依赖别人。但在孩子成长的过程中，有些家长认为孩子年龄还很小，不懂事，没必要太早告诉他要如何独立生活。其实不然，家长培养孩子的独立性应是越早越好，否则当孩子成长、成熟起来，要改变他已养成的许多习惯就不那么容易了。

那么，家长到底该如何培养孩子的独立性呢？以下方法可供家长们参考：

1. 以游戏的方式给孩子独立处理事件的机会

家长应适当给孩子创造机会，让他多多体验生活中的种种乐趣，并在此过程中学会独立应对一些难题。

比如，有意培养孩子独立性的家长，可以利用去超市、菜市场等的机会，和他开展一次购物游戏。家长可以在超市里教孩子认识各种商品及其价格，告诉他各种商品是如何分类的、如何寻找自己想要的商品等。待孩子对此有一定的了解后，家长就可分配给他一项任务，如给他10元钱，让他独立去买一样自己想要的东西。这样，他就会认真思考自己最想要什么，买这样东西要花几元钱，它在超市的哪个位置，应该选哪个品牌的，等等。经过独立思考、分析，孩子或许就能顺利完成一次购买活动，其独立性会在这次游戏中有所增强。

2. 多带孩子到朋友家做客或参加聚会

孩子独立性较差,过分依赖父母,这可能是由其从小缺乏安全感、信任感或感到无聊所致。所以,要培养孩子的独立性,家长应从小给予他足够的安全感、信任感,出门时要明确告诉他离开的原因、什么时候回来等。

如果孩子在独处时感到很无聊,家长就应时常带他去朋友家做客或参加一些聚会,让他多与人玩耍、交流。比如家长可以在参加聚会之前事先通知朋友们,看他们有没有机会也带上自己的孩子,如果可以,这些孩子就能在聚会时一起玩游戏,他们就不容易感到无聊了。

3. 在保证安全的前提下,尽早给孩子自食其力的机会

日本家庭在教育孩子的过程中,不仅要教孩子学好功课,还要求他利用课余时间做些力所能及的家务,或到外面打工挣钱。他们认为,除了空气和阳光是大自然的赐予,其余的一切都要通过劳动才能获得。

的确,要培养孩子的独立性,家长就要及早教会他自食其力,让他在实践中清楚地意识到只有自己动手才能丰衣足食。在这方面,美国家庭的教子方式同样值得借鉴。美国父母从孩子小时候起就采取各种方法,让他们认识到劳动的重要性,如让孩子自己动手修理自行车、做简易木工、学做饭洗衣或外出参加志愿活动等。

细节82: 鼓励孩子坚持梦想

对孩子而言,梦想或许只是一种想象,它不一定能实现,却能激励着孩子不断进步,能成为孩子拼搏向上的动力。美国成功心理学家拿破仑·希尔曾说,人类最神奇的遗传因子,就是那善于梦想的力量。

所以,为了让孩子获得前进的方向与动力,为了增强他应对前进道路上各种困难与挫折的力量,家长应从小鼓励孩子确定并坚持自己的梦想。具体来说,家长应做到以下几点:

1. 帮助孩子确立梦想或人生目标

平时生活中,家长应时常与孩子进行情感交流,倾听孩子内心的声音,了解孩子的兴趣之所在。

一般情况下，孩子的梦想都与其兴趣、爱好、特长等相关，比如喜欢跳舞的孩子将来想当舞蹈家，篮球打得好的孩子希望自己将来成为另一个乔丹，等等。所以，家长应认真观察、了解孩子，要因势利导，教孩子确立相对稳定的且自己容易坚持的梦想。

2. 给孩子提供向理想接近的实践机会

许多孩子的理想都很远大，比如"我要当伟大的科学家""我要成为世界一流摄影师""我要成为体操皇后"等，但这些孩子并不清楚到底该用什么样的方法使自己如愿以偿，进而无法付诸行动去实现梦想。

但实际上，只要家长多提供给孩子一些实践的机会，让他在具体的奋斗过程中不断提升自己，并获得一些成功的体验，孩子就会变得更加自信，自身的各种潜能也能得到更好的发挥。

3. 不能从个人意志出发去否定孩子的梦想

很多家长将孩子当做自己的"私产"，做什么事都以自己的意愿为出发点，从不把孩子当成一个独立的个人，不会站在孩子的立场上思考问题。在此基础上，家长往往会否定孩子的许多想法，包括他为自己确立的梦想。

然而，梦想是孩子前进的方向与动力，关乎孩子自身的前途和命运，家长可以为其提供参考意见，却不能完全依自己的喜好帮孩子做决定。对孩子来说，获得家长的尊重与认可，这会让他更加有信心和毅力去坚持到底。

细节83：缺乏自主能力的孩子易被淘汰

7岁的女孩小言从小就缺乏自主能力，动手能力也比较差。小时候，家里人都宠着她，什么事都依着她，不让她做任何费力的事。于是，到5岁时，小言还需要奶奶喂她吃饭，衣服也让大人帮她穿。

小言的妈妈总是向朋友诉苦说，看其他小孩子都能帮大人端碗、扫地，可以干不少家务活了，可小言却总是什么都不会，永远只会等别人来帮她做选择，帮她解决难题等。

自主能力差的小言还有另外一个明显的缺点，就是总爱学别人而没有自己的想法和创意。平时在家的时候，她爱"指挥"奶奶干这干那，好像手握大权，俨然一副大领导的样子。可到了外面，和小朋友们一起活动时，别的小朋友让她做什么，她就乖乖去做，根本没有一点主见。

在学习上，小言也从来不主动，已进入小学二年级的她，无论在完成课堂作业还是读课外书方面，都没有一点自主性。在学校里，老师经常单独指导她完成作业，在家里，若没有爸爸妈妈的督促，她可能根本想不起来还有"作业"这回事。

如今，小言在一天天长大，可自主能力并没有随之增强。对此，爸爸妈妈都很担心，他们不希望自己的女儿将来成为别人的"附属品"。但用什么样的方法增强小言的自主能力，这是让他们犯难的一个大问题。

自主能力指一个人做任何事、任何决定或遇到任何难题，都靠自己的智慧、勇气和能力去解决，而不是单纯依赖他人。

近年来，在教育界流行着"自主发展"这样一个热词，其内涵也就是人们过去常说的"发挥主观能动性、调动孩子的积极性、培养各方面的自觉性，遇到问题要自己想办法，要再坚持一下，直至争取到最后的胜利"。在这种"自主发展"思路的培养下，孩子很容易形成积极进取的性格，会表现出很强的适应能力、创新能力和自主能力。

事实上，孩子要在未来竞争激烈的社会中生存、发展，就必须具备较强的自主能力，一个事事依赖他人的人，很难立足于"优胜劣汰"的竞争环境中。所以，家长从小培养孩子的自主能力，有意识地推动他向自主发展的方向前进，这是十分必要的。具体而言，家长可从以下方面入手培养孩子的自主能力：

1. 让孩子深入"家庭腹地"，自己动手做每一件事

在培养孩子自主能力的问题上，赵女士的做法是非常值得借鉴的。

某段时间，赵女士家里的老人生病了，需要一大笔钱治病，可她8岁的儿子并不清楚家里到底发生了什么事，依然整天闹着要吃大餐、买玩具、游儿童乐园等。无论赵女士如何解释，儿子都不肯打消这些念头。

后来，赵女士想到一个办法，就是给儿子充分的知情权，让他深入家庭的"腹地"，自己去"算账""当家"。她将家里每天的开销情况列成清单，然后让儿子帮她算账。儿子从没有做过这样的事，当然会好奇地答应。他先计算父母每月的工资是多少，正常和非正常的开支是多少。

赵女士还充分给儿子"放权"，让他自己决定是否要买某样东西，父母每次买东西也要"请示"他。可后来，赵女士的儿子仔细算了每天的收支情况后，发现家

第十章　8个技巧，培养孩子成功欲望和自我激励的情商

里的经济条件并不宽裕，主动提出不再买玩具、逛游乐场等。

让孩子深入"家庭腹地"，变被动为主动，这不仅能让孩子感受到来自家长的信任，而且使他在独立处理各项家庭事务的过程中提高了自主性。

2. **让孩子自己安排、计划该做的事**

生活中，家长不能任何事都替孩子做主，不能完全照自己的意愿安排孩子要做的事以及需要的时间等。这样，孩子只知道执行家长的计划，他的自主性就很难表现出来。

孩子也有他的兴趣、喜好，家长应每天留给孩子一些可供自由支配的时间，让他自己安排喜欢做的事，如看电视、画画、和小朋友一起玩等，只要不出危险，孩子便能慢慢从中学会自主安排时间。

3. **经常鼓励孩子自己进行发明、创造**

孩子的创造性是其自主能力的重要体现，家长应从小注意给予其积极的引导，让他在游戏及其他课内外活动中勤动脑、发挥创造性。比如在孩子捏橡皮泥时，家长可以鼓励他充分发挥想象力，多捏出些花样来。长此以往，孩子的自主能力和动手能力都会有所提高。

细节84：帮助孩子培养终身学习的能力

上小学四年级的男孩立鑫，从小就不喜欢学习。刚上幼儿园的时候，他每天只想和小朋友们一起玩，爸妈和老师教他读书、写字，他总是心不在焉。但幼儿园的学习任务毕竟不多，转眼立鑫就成为一名小学生了。

"妈妈，我都上完幼儿园了，怎么还要上学啊，什么时候才能不学习呢？"要进入小学的前一天，立鑫很不情愿地问妈妈。

"你还小，当然要继续上学，要好好学习，将来才能有大作为啊。"妈妈告诉立鑫。

听了妈妈的话，立鑫还是不明白，为什么大人总是要求他好好学习，到底学多长时间才到尽头。可即便如此，他还是必须去上学，爸爸妈妈的话他不敢不听。

然而，进入小学后，立鑫的学习负担越来越重，要做的功课越来越多，他常常向妈妈抱怨。妈妈听到立鑫的抱怨声，就告诉他这样想是不对的，还说每个人都应

该"活到老,学到老"。但立鑫对爸妈所讲的各种大道理并不"感冒",他依然不停地抱怨。

后来,妈妈决定带立鑫去各种成人培训班看看,让他明白每个人在任何阶段都要学习,只有这样才能保证自己不落伍,才能使自己的能力不断提高。

立鑫随妈妈"考察"了几个成人培训班,发现有很多头发花白的人都在那里安静地听讲,比许多小学生都认真。这时,妈妈又告诉立鑫,自己每天也在抽时间学习,为的就是不断提高自己,已获取更大的成功。

看到这种情景,又听了妈妈的话,立鑫终于明白,每个人都应该养成终身学习的习惯,否则自己会被周围的许许多多竞争者超越。从那以后,他学习起来越来越认真了,也不再经常发牢骚。

我们常说"活到老,学到老",意思就是要终身学习。在这个知识更新速度日益加快的社会,任何人都必须时刻去学习新的知识与技能,否则就会被社会淘汰。

那么,在孩子成长的过程中,树立终身学习的观念并不断提高自主学习的能力,这也是十分必要的。但孩子的认知能力、自制能力等都比较差,在学习的过程中很容易分心或失去兴趣、耐心等,这就需要家长时常从旁鼓励、督促孩子,帮助他养成终身学习的好习惯。

具体而言,家长可以从以下方面培养孩子终身学习的能力:

1. 家长要用自己的实际行动影响孩子

要让孩子有终身学习的意识,家长首先要给孩子树立好的榜样,要对其进行正面教育。比如,家长每天可以多看看报刊杂志、多读书或上网学习,让孩子清楚地看到自己的父母也在不停地学习,以获得更大进步,这样孩子便会受到积极的影响并形成终身学习的意识。

另外,除了家长以身作则,营造良好的家庭环境也是家长培养孩子各种好习惯的重要基础。一般来说,和谐的家庭环境和积极正面的教育方式能促使孩子更乐于学习,并让他在不断进步的过程中懂得终身学习的重要性。

2. 寓教于乐,增强孩子学习的兴趣

很多孩子不愿意学习或不能坚持学习某项技能,是因为他对此并不感兴趣。所以,要让孩子养成终身学习的习惯,家长就应想办法让他真心实意地爱上学习,将学习看作是和玩游戏一样的事情。为此,家长就应寓教于乐,要通过各种游戏、趣味性活动等吸引孩子的注意力,让他在游戏的过程中学到相应的知识,并渐渐喜欢

上这样的学习方式。

举例来说,如果孩子喜欢听故事,却不愿意自己阅读,家长就可以动员他参加家庭"故事会"。在家庭"故事会"上,家长和孩子都是参赛者,都必须讲自己最拿手的故事,至于评委,家长可以请其他小朋友及其家长来当。孩子和家长讲完故事后,评委要公正地评判出他们讲故事水平的高低。并且,家长可以时常和孩子开展这样的活动,一方面可以训练他的口才,另一方面,孩子为了讲出更多更好的故事,为了获得荣誉,会慢慢开始主动阅读,并容易长期坚持下去。

3. 借助先进的学习工具指导孩子的学习

很多时候,孩子在学习过程中遇到的疑难问题,家长可能也无法解决。这种情况下,家长不妨为孩子提供必要的现代学习工具,如电脑、少儿学习机等。这些比较先进的学习工具,不仅能够帮孩子解决疑难问题,有时还能提供一些好的学习方法,达到事半功倍的效果。

细节85:让孩子学会"吾日三省吾身"

在《论语》中,曾子有"吾日三省吾身"之言,意思是人应该每天多次反省自己的言行,并及时发现其中的不足之处以待改进。对任何一个孩子来说,他的成长就是一个不断犯错、不断改正的过程。孩子犯错并不可怕,关键是他必须时刻自省,及时发现自己的错误并在第一时间里改正。

"悟以往之不谏,知来者之可追",千百年前,人们就在不断强调自我反省对人生的重要意义。时至今日,行走在人生旅途上的每一个孩子,都很容易因受自身学识、阅历、性格等因素的影响而陷入某些错误或危局中,给自己带来许多不良后果。但这些不良后果并不是完全无法避免的,如果孩子学会自省,每天反省自己的得失并认真分析如何避免失误,那他也会不断朝完美的人生迈进。

因此,在孩子成长的过程中,家长应时常教育孩子反省自己,以及时发现自己言行中的不足并不断进行自我完善。而让孩子学会自省,家长可从以下方面入手:

1. 对孩子的错误不能横加指责或当众批评

当孩子犯错时,很多家长都会生气地斥责甚至当众批评、打骂孩子,目的是用这种严厉的教育方式让孩子"长记性"。殊不知,这样的教育方式是很不科学的,原因在于：每个孩子都更希望获得来自家长的鼓励与赞扬，而不是批评和责骂，家长一味责骂孩子，只会引起他的反感，甚至激发其逆反情绪；每个孩子都有很强的自尊心，过多的批评、斥责声会伤害孩子的自尊，并让他与家长之间产生隔阂，进而更不愿意自觉地反省、改错。

2. 孩子犯错后，通过灌输正面道德情感唤起他的愧疚感

有时孩子犯错后并不会立即反省自己、承认错误，这种情况下，家长不能马上揭穿并批评孩子，而是应该想办法唤起孩子的羞愧感、内疚感，进而让他主动反省自己并承认错误。

具体来说，家长要对孩子进行正面教育，通过灌输一些正直、诚信、善良、勇于承担等的正面道德情感，塑造其美好的心灵，促使他自我反省。

3. 让孩子自己承担做错事的不良后果

琳琳最近总爱在课堂上睡觉，而且每天的作业写得越来越潦草，老师都快无法辨认了。

在学校里，老师找琳琳谈过好几次话，希望她别再偷懒，认真听讲、写作业，可她根本没有将这些话听进去。

后来，老师来琳琳家了解情况，琳琳的妈妈这才知道女儿最近在学校里的表现，也明白了他是因为晚上玩电脑游戏时间太长，导致睡觉很晚，白天精神不济。

老师离开后，妈妈并没有批评琳琳，而是把电脑从她卧室中搬走，并告诉她，要将她这个月的零花钱减少一半作为惩罚。琳琳听后虽然不高兴，但也知道这回是自己做错了事，所以最后还是乖乖接受惩罚。但从那以后，她做事就更加谨慎了，也慢慢学会了反省自己，及时认错并改正，因为她想获得来自爸妈的更多表扬和奖励，而不是经常受到惩罚。

对于孩子所犯的错误，家长若置之不理或经常帮他"善后"，渐渐地，孩子就很容易变得缺乏责任心及自我反省意识。所以，家长应该适当让孩子自己承担做错事的不良后果，让他懂得只有时刻自省，及时修正自己的错误和不足，才能获得更多好评，避免受责罚。

第十一章

8项训练,培养孩子直面现实、敢于接受挑战的情商

在成长的过程中,孩子若一味追求顺境,不敢面对任何困难,或失去战胜困难、不断挑战的勇气,就很难在温室外的风风雨雨中顺利前行,就很容易在人生的情感、事业等方面惨遭失败。因此,父母要做的是,通过有针对性的训练,让孩子学会直面现实、勇于接受挑战。

第十一章　8项训练，培养孩子直面现实、敢于接受挑战的情商

细节86：训练孩子面对突发事件的应变能力

5岁的小男孩志龙是个"鬼机灵"，一天下午，幼儿园放学后十几分钟，爸妈还没有来接他，他就跑到学校外面去看妈妈来了没有。

出了校门，志龙朝他们家的方向望了望，还是没有看到妈妈的身影，于是就和旁边同样等家长来接自己的几个小朋友玩耍起来。过了几分钟，一个三十多岁的妇女走过来，他告诉志龙："你妈妈让我来接你，我是她的朋友。"

志龙仔细打量了这个陌生女人，然后想起妈妈常跟自己提起的那些拐骗小孩子的事情，于是他灵机一动说："好啊，你等等，我去教室里拿书包出来。"

那位妇女根本就不是志龙妈妈的朋友，她这么做必定不怀好意，但为了不让志龙怀疑，她便笑着说："那你快去吧，阿姨在这儿等你。"

于是，志龙飞奔向教室，将刚才发生的事告诉了老师。老师听后也很怀疑那位妇女的身份，于是叫上保安，一起领着志龙走到校门外。一直朝学校里张望的妇女看到志龙身边的两个大人后，头也不回地快速离开了。这时，老师才暗自庆幸：幸好志龙机灵，否则可能要出大事了。

对生活中的很多事情，尤其是突发事件，孩子自己并不能清楚地辨别，也没有独立处理好这些事的能力。但世界瞬息万变，每天都有很多人们无法控制的事发生，如果孩子没有一定的面对突发事件的应变能力，那就很可能要承受损失或者受到伤害。比如，孩子在人来人往的商场与家长走散了，或在独处时碰到着火、生病的情况，或出门时遇到坏人，这样的情况下，若孩子没有学会一些基本的自救技能和应变措施，他的人身安全都可能受到威胁。

所以，为了将突发事件可能带给孩子的损失降到最低程度，争取到最好的结果，家长就应在平时生活中重视对孩子应变能力的训练，培养其临危不乱的心理素质。那么，家长该如何训练孩子的应变能力呢？以下几种方法可供参考：

1. 让孩子了解各种突发事件及其危害，并学习应对的技巧

平时生活中，家长应时常和孩子谈论一些突发事件，尤其是有安全风险的突发事故，要让孩子清楚其危害，并认真学习可应对这些事故的技巧，以便在事情真的

发生时更好地保护自己，避免受伤或将伤害程度降到最低。

例如，家长要时常提醒孩子，陌生人的话不要轻易相信，更不能轻易跟他走，如不能轻信"你妈妈今天有事，让我来接你"、"你爸爸出事了，快跟我走，我带你去看他"之类的话。家长还应加强孩子的安全意识，多向他介绍所在地的警察局、消防局等部门的情况，并告诉他遇到危险时可以拨打"110"求救。

2. 时常和孩子一起开展应对突发事件的家庭演习

事故并不是每天都发生，可一旦出现，就可能对人们造成严重危害，如地震、火灾、交通意外等。但只要学会使用一些紧急避险、自救自护的方法，大多数人在事故发生也能从容冷静地去应对。

所以，有空闲时间的时候，家长可以和孩子一起开展应对某些突发事件的家庭演习，如模拟地震躲避情景。家长可以让孩子事先了解与地震有关的各种知识，并学习应急避震的方法，然后选定一个场景，如在家中或公园里，与孩子一起进行避震演习。

3. 时常让孩子主持开展一些家庭活动

突发事件并不一定都是有安全风险的事故，有时在进行某种有安全保障的活动的过程中，孩子也可能会遇到一些突发情况，比如在表演节目时道具突然坏了，或在演讲比赛开始前一分钟才发现自己忘了带演讲稿。遇到这类情况，如果孩子没有灵活应变的能力，就很难顺利进行完这些活动。

所以，生活中，家长可以经常创造机会让孩子主持开展一些家庭活动，让他以主持人的身份来组织、安排整个活动。这个过程中，家长要彻底"放权"给孩子，让孩子独立处理活动中出现的所有问题，包括事先并没有考虑到的突发情况。如果孩子遇到了较大的困难，致使活动快要进行不下去，这时家长可以适当给他提供一些解决问题的方法、技巧，然后鼓励他继续努力去完成整个活动。

第十一章　8项训练，培养孩子直面现实、敢于接受挑战的情商

 细节87：对孩子进行竞争能力训练

妈妈带儿子参加了一个培养孩子竞争能力的训练，因为妈妈总觉得儿子一点竞争意识都没有，将来无法适应社会的激烈竞争。

训练刚开始的那几天，儿子果然像妈妈所说，一点竞争意识都没有，教练让大家去抢东西，抢得最多的得优胜，而儿子竟然一点抢的意识都没有，就算偶然到手的东西，也会马上被其他孩子夺走。

"儿子，这是训练，你必须要全力去抢。"妈妈看不下去了，把儿子叫到身边对他说："都一个多星期了，你一点动力也没有，这怎么能行呢，要按照教练说的去做啊。"

"可是又没有我想要的东西。"儿子觉得很无奈，自己又不想要那些东西，抢来抢去有什么意思。

妈妈无言以对，只好把儿子全权交给教练了。

"呀，抢了！"有大概两个星期没去看儿子训练的妈妈，这次一来，就看见儿子在和队友们激烈的竞争同一个球，这与两周前的儿子截然不同，细问之下，才发现，原来是有一次，儿子最喜欢吃的零食没有抢到，这才激发了他的竞争意识，然后在教练的正确辅导下，儿子才有了明显进步。

以往，父母经常把"孩子是否听话"作为对孩子的评价标准，但这已经过时。从孩子未来生存、发展的需要来看，从小培养孩子具有竞争意识才是科学的家教观念。在教育方式上，父母要转变原来的"我说你听"的教育方式，采取民主型的、激励型的教育方式。

让孩子明白竞争不是一方消灭一方，而是自身与环境（对方）的共存，竞争对手永远都会存在。让孩子明白，无论是什么样的竞争，自身的实力是决定结果的最重要的因素，提醒孩子要凭借实力和能力去赶超对手，而不是通过"旁门左道"去战胜对手，让孩子在合作中学会竞争。

故事中的孩子就是在被妈妈带到训练营后，其竞争意识慢慢被开发出来的。在生活中，家长还有哪些方法提高孩子的竞争意识呢？

1. 帮助孩子正确认识自我，确定恰当的奋斗目标

过高的目标既加重孩子的负担，又容易使他们为了实现目标而"不择手段"，形成恶性竞争；过低的目标则不利于培养孩子的意志力，有可能使他们变的不愿意去竞争，从而降低了对自身的要求。

2. 帮助孩子对成功和失败进行正确的归因

心理学研究表明，如果孩子把成功和失败的原因都归因与自己的努力，接的自己可以控制，那么他在参与竞争时就会有更强的动机，有更强的进去心和好胜心，也更容易获得成功；反之，如果归因于伙伴，认为自己不能主宰，那么他很容易在竞争中放弃努力，也有可能为了竞争而打击同伴。因此，家长要帮助孩子学会正确的归因，使他们有一个健康的竞争心态。

3. 帮孩子建立和谐、稳定的同伴关系，让孩子学会在合作中竞争

家长要注意消除孩子在竞争中的嫉妒心理，帮其树立自信心。在竞争中如果孩子不能正确地对待对手，对待同伴的成功，就容易出现嫉妒心理。对于儿童来说，妒忌是比较普遍的心理现象。因此，家长要认清嫉妒带给孩子的危害，帮助孩子树立自信心，让他们正确看待自己的竞争对手。

细节88：让孩子勇敢起来的训练

4岁的小女孩悦悦非常胆小，她怕黑，不敢单独在房间里睡觉，不敢和小区里的其他小朋友一起玩耍，被别人欺负也不敢反抗……

一次，悦悦的妈妈带她去公园玩。正当她在一块空地上玩小遥控汽车时，旁边突然跑过来一个3岁多的小男孩，他一直盯着悦悦的小遥控车看，非常好奇的样子。悦悦看见后赶快拿起地上的小遥控车，然后快步向妈妈身边走去。这时，小男孩好像看出悦悦比较胆小，便跑上前来拦住悦悦，然后从她手中抢小遥控车，这下悦悦被吓得嚎啕大哭起来。

不远处，悦悦的妈妈发现情况不妙，立马跑过来对小男孩说："小朋友，你怎么可以抢别人的东西呢？"然后又安慰悦悦道："小弟弟和你开玩笑呢，你别怕。

第十一章　8项训练，培养孩子直面现实、敢于接受挑战的情商

来，你们握握手，做个好朋友好吗？"

可是，小男孩并没有理会悦悦，而是做了个鬼脸后转身跑了。原来，这个小男孩和悦悦住在同一个小区，他们经常会在小区广场遇到。后来几次，悦悦在小区广场上玩，小男孩只要看到，就会跑过来吓吓她，或者抢她手里的东西。

又有一次，爸爸开车接悦悦回家。到了车库，他打开车门要抱悦悦下车时，悦悦突然喊道："爸爸，快关上车门，我不下去，那个小哥哥又要来抢我东西了。"

悦悦口中的"小哥哥"其实就是之前经常遇到的那个比她小的男孩。发现悦悦如此胆小，爸爸有点担忧。虽然他很疼爱悦悦，把她当做掌上明珠，但他不希望悦悦永远都是个胆小、懦弱的小女孩，他想让自己的女儿变得勇敢。所以，从那以后，悦悦的爸爸妈妈开始想办法训练她的胆量，努力让她勇敢起来。

有调查资料显示，正常儿童中，有90%以上都存在着不同程度的害怕心理；2~4岁的儿童中有40%左右至少有一种害怕；6~12岁的儿童也有超过40%的人有7种以上的害怕。

虽然很多电视台都在做让孩子勇敢起来的游戏节目，许多学校也时常开展各种各样能训练孩子胆量的活动，但缺乏勇敢精神的孩子仍然不在少数。

孩子胆小、懦弱，原因是多方面的，包括遗传因素、环境因素、受到的教育等，其中，家长的教育方式会对孩子的胆量、行为习惯等产生十分重要的影响。所以，要让孩子变得勇敢，关键还在于家长。具体来说，家长需要通过以下方法来训练孩子的胆量：

1. 鼓励孩子对"侵略者"说"不"

当胆小的孩子被周围其他小朋友欺负时，家长要做的不是冲上前去教训对方，而是应该鼓励孩子勇敢起来，给他加油打气，让他敢于对面前的小"侵略者"说"不许欺负我"。上述事例中悦悦的爸爸就采取了这样的做法。

那天回家后，爸爸认真地问悦悦："为什么你那么怕刚才的那个小弟弟，他明明就比你小啊？"

悦悦委屈地告诉爸爸："他总是欺负我，抢我的东西。"

爸爸想了想说："宝贝，如果下次小弟弟要抢你的东西，你就非常大声地对他说'不许欺负我'，这样他就不敢再抢你的东西了。"

在爸爸的鼓励下，第二天悦悦出门遇到那个小男孩就不那么胆怯了。后来，小男孩走过来抢悦悦手里的毛绒玩具。

这时，爸爸向悦悦使了个眼色，悦悦便鼓起勇气大声说："你不许再抢我的东西了！"然后她用力把玩具夺了回来，小男孩没想到悦悦突然变得这么厉害，他居然也害怕地哭了起来。从那以后，他就再也没有欺负过悦悦，悦悦也渐渐勇敢起来。

2. 经常带孩子外出做客或参加户外活动

孩子胆小怕事，可能是因长期生活在相对封闭的环境下、甚少接触父母以外的人而造成的。所以，要让孩子勇敢起来，家长就应帮助孩子认识不同的人群，让他有更多机会去接触那些陌生又和善的人，并在与他人交往的过程中变得大胆、勇敢起来。

另外，家长还可经常带孩子外出做客，或让他多参加一些户外活动，如打篮球、跳绳等集体性体育运动，还可以带他去军营观看解放军们训练的场面。

3. 让孩子做他力所能及的事

许多家长往往习惯于用过高的标准来要求孩子，把孩子当成是"大人"。而当孩子没有能力完成某些任务时，家长又会横加指责或讽刺打击他。这种情况下，孩子很可能会变得越来越胆小，尤其在大人面前，他会因害怕受指责而不敢去做许多事。

因此，在教育孩子的过程中，家长要尽量要求孩子做他力所能及的事，并多多鼓励他。即使最后孩子的表现不尽如人意，家长也不要过分苛责，应该帮助他将事情做得更好，帮其不断进步。

细节 89：告诉孩子不服输

4 岁的男孩小浩原本是个开朗活泼的孩子，很喜欢和周围邻居家的小朋友一起玩。最近，小浩开始上幼儿园，又认识了许多新朋友。刚开始，他每天回家都很开心，经常乐呵呵地跟妈妈说自己在幼儿园遇到的种种趣闻轶事。

可是，有一天，小浩回家后一直撅着小嘴，一脸不高兴的样子。妈妈见状，忙问道："宝贝儿，你怎么了？谁欺负你了吗？"小浩摇摇头。

妈妈又问："那是怎么回事呢，你今天看起来怎么一点都不高兴呢？"

第十一章　8项训练，培养孩子直面现实、敢于接受挑战的情商

"妈妈，我不想去幼儿园了。"小浩低声说。

"为什么，你之前不是说上幼儿园很好吗，可以跟很多小朋友一起玩儿？"妈妈疑惑道。

小浩郁闷地说："不好！幼儿园里的小朋友都太厉害了，什么都比我强。小雷认识的字比我多，晓晨画的画比我好，乐乐歌唱得比我好……反正，我做什么都不如他们，不配再上幼儿园。"

听了小浩的话，妈妈有些担忧，一方面害怕儿子今后真的不愿上学了，另一方面也担心他变得自卑、容易气馁。但是，小浩的妈妈一时还没想到用什么好方法教育儿子不服输、不气馁。

孩子遇到一点挫折或小小的失败就开始退缩、气馁，这是其情商水平较低的一个表现。

一个人从小到大要面临无数次的困难与挑战，也会遇到大大小小的许多次失败，而只有永不服输的人，才有不断向前进的动力，才能在失败或遇到挫折后勇敢爬起来再战。

所以，作为家长，从小培养孩子不服输、不气馁、勇往直前的精神是十分必要的。在人生的道路上，孩子要想有所作为，就必须永不服输、永不低头，否则就会被无数竞争者挤下人生的大舞台。

那么，家长该如何培养孩子不服输的精神呢？以下几种方法可供参考：

1. 真诚地告诉孩子"你一定也行"

三四岁的孩子，其独立意识与竞争意识已经比较强，他会不断跟别人比较，在许多游戏或其他活动中也喜欢跟其他小朋友一较高下。而在比较、竞争之后，赢者往往兴高采烈，输者则眼泪汪汪甚至从此灰心气馁。

面对这样的情况，家长不应简单地说"没关系，以后你还有机会赢过他"，因为这种被动的等待不会让孩子得到真正的力量，反而会使他在下一次失败后变得更加不自信。相反，这个时候，家长一定要用心体会和理解孩子，要真诚地告诉他：你能意识到别人有比你强的地方，这已经是一种进步了。今后，只要你下决心不服输，不断学习其他小朋友身上的优点，改正自己的缺点，那么你一定可以超越他们。在鼓励之后，家长还应给予孩子绝对的信任，让孩子感觉到身后有人支持他、"看好"他。

2. 让孩子多读名人永不服输的故事

在培养孩子不服输精神的方面，程先生的经验是值得借鉴的。

程先生的儿子如今已是高三学生，很快就要参加高考。从儿子有理解能力起，程先生就开始给他讲许多名人勤奋好学、勇敢坚毅、永不服输的故事，这些鼓舞斗志的故事常常让儿子听得如痴如醉，有时还会冒出几句豪言壮语。

后来，儿子上学了，程先生就鼓励他自己从书籍、网络上阅读成功者们的奋斗故事，学习他们永不言败的精神。随着年龄的增长，程先生的儿子越来越懂得不服输、不气馁对自己人生的重要意义。慢慢地，他和同学辩论问题时变得毫无惧色，在公众场合讲话时也不怯场，越是遇到困难越能够勇敢出击。

3. 多陪孩子玩一些竞技游戏

一些简单的竞技游戏，如下棋、打扑克等，可以让孩子懂得如何适应一场比赛，并促使他认真琢磨怎样才能赢得比赛。

腿脚不方便的林先生不能外出工作，每天只能待在家里。但他并非一无所成，十几年来，他最大的收获就是培养了一个不服输、不怕困难的好儿子，而他所使用的最主要方法，就是陪儿子下棋。

林先生家有许多种棋，这些都是他的儿子成长的见证。儿子6岁时，林先生就开始和他对弈，而且从不给他让棋，更不准他悔棋。有时儿子连输好多次后哇哇大哭，林先生也不让他。这样的对弈，让儿子渐渐明白了——在这个社会上，父母可以让你，但别人不一定让你，困难更不会让你。

后来，林先生的儿子开始尊重规则，也学会了遇事深思熟虑，不轻易灰心，不轻言放弃。

所以，如今的他成为了让周围人赞不绝口的不服输又品学兼优的好孩子。

事实上，像下棋这样的小游戏，不仅是培养孩子不服输精神的好办法，也是开发其智力的好帮手，家长不妨多创造机会与孩子玩一玩。

第十一章　8项训练，培养孩子直面现实、敢于接受挑战的情商

 **细节90：教孩子进行时间管理**

上小学二年级的小依是个活泼开朗的女孩儿，一家人都很喜欢她。可是，小依从小就有个小毛病——独自做事时效率很低，很难有效管理好自己的时间。

很多时候，小依做事都拖拖拉拉，没有很好的时间观念，比如一家人要出门，别人都下了楼，她还在磨蹭，连衣服都没穿整齐；爸妈要求她每晚9点以前睡觉，可有时到9点了，她该做的功课还没有做完。

一个星期天的早晨，小依的爸妈有事出去了，临走前叫她在家尽快写完作业再玩，她也乖乖点头答应了。爸妈走后，小依老老实实拿出作业本，可刚写几个字，邻居家的小女孩果果就来找小依玩。小依想，下午还有好几个小时可以写作业，那就先和果果玩一会儿。

然而，一不留神，她们俩就玩过头了。中午吃了奶奶送来的饺子后，小依还继续和果果看玩游戏、看动画片，想着晚上再"加班"写作业。

很快，天就黑下来了，晚上爸妈回来后，小依的作业还没有写。于是，爸妈生气地责罚了小依。可这次之后，小依仍然不会安排自己的时间，不知道轻重缓急，为此浪费了很多时间，爸妈为此十分头疼。

一个人做任何事都要花费一定的时间，时间对每一个人的生命有着十分重要的意义，而只有珍惜时间、会管理时间、做事时能统筹安排的人，才能真正利用起时间的价值，也才能达到自己的目的，浪费时间、不会利用时间的人很难有所作为。

生活中，许多孩子往往是没有时间观念、不会合理利用时间的，他们或觉得时间过得很慢，或认为时间是取之不尽、用之不竭的，或因只想玩不想学习而拖拖拉拉……总之，大多数孩子都没有将把握时间、管理时间当做一件要事。

然而，孩子成功需要时间，只有提高时间的利用率，才能为将来的脱颖而出打下良好基础。所以，家长应从小给孩子灌输正确的时间观念，让他学会与时间赛跑。具体而言，家长可以从以下方面入手教孩子管好自己的时间：

1. 给孩子限定完成一件事可用的时间

孩子的自控能力差，在做某件事是往往会受到另外一些事的诱惑，结果就无法

合理安排自己的时间。针对这种情况，家长可给孩子限定完成某件事的时间，比如要花多少时间写完一篇作文、背完几十个单词等，并将小闹钟放在桌上，待它响时，检查孩子完成作业的情况。如果孩子在规定时间内做好了这件事，家长应予以表扬，使其产生继续努力的动力。

2. 时常开展"一分钟"竞赛活动

要让孩子树立正确的时间观念，家长就应想办法让他亲身体验时间的价值。为此，家长可以时常开展一分钟写字、画画、回答问题等的竞赛，让孩子充分利用这一分钟的时间。

这样，他会渐渐感觉到，一分钟虽短但也能做很多事情，不能轻易浪费。

3. 让孩子参与某项活动的时间规则的制定

孩子是一个独立的个体，对很多事有自己的理解和看法，家长不能以"为你好"为借口强迫孩子做某事。所以，在教孩子管理时间的过程中，家长也不能将自己的想法强加在孩子身上，而是应该和他一起商量制定合理的计划，让他自己制定进行某项活动的时间规则。

另外，家长还可以送给孩子一些关于时间的格言、诗词等，让它在名言警句的激励下更加珍惜时间，并合理利用每一分每一秒。

 **细节91：帮孩子养成坚持到底的好习惯**

成成的爸爸爱做木工活，每到周末的时候，他都会找来一些薄厚不一的木材，拿着小锯子锯来锯去，有时候半天工夫就能做出两三个小板凳来。成成总是很崇拜地在旁边看着爸爸以及他的作品，自己也有做出点东西来的冲动。

"爸爸，我也能做个小凳子吗？"这个周末，成成终于心痒痒得忍不住了，爸爸刚把小木板们搬到院子里，他就巴巴地跑了过来，很认真的恳求道，"我保证会做的比爸爸还好，爸爸就教教我吧。"

"教你没问题，但你中途嫌累怎么办？我可不允许别人浪费我的宝贝木材。"爸爸说道。

成成想了想，马上举起右手，像宣誓一样对爸爸说："我保证完成任务，绝不

第十一章　8项训练，培养孩子直面现实、敢于接受挑战的情商

半途而废。"

"你的保证，爸爸能相信吗？万一又像在奶奶家一样……"爸爸拉着长音说道。

原来，成成在奶奶家住过一段时间后，做事情不仅拖拉，还总是不认真负责，责任感一点也不强烈。为此，爸爸妈妈愁坏了，害怕成成空有智商，却无情商，怕他以后步入社会也习惯于做事半途而废。

事实上，爸爸早就知道成成很崇拜他的"手艺"，想亲自动手做些什么东西。但爸爸从没提出过教他做东西，目的就是想让他提起兴趣并主动要求。这样，爸爸就有办法根据他的兴趣，慢慢纠正他做事半途而废的毛病了。

"我……我要是做不完，我今天就不吃饭！"成成见爸爸为难他，便发下了"重誓"。要知道，成成可是最喜欢妈妈做的饭菜，让他不吃饭，是对他最大的惩罚了。

爸爸见目的达成，也就不再继续为难他，挥挥手让他坐在自己身边，铁锯之类的东西暂时不能让他碰。爸爸先拿出几块裁好的木板和磨砂纸，让成成把边缘打磨平整，再慢慢教他如何把几块木板拼合在一起，组装成板凳。

就这样，一整天的时间里，成成虽然偷了几回懒，但最终还是坚持着把爸爸教给他的任务完成了。

做事善于坚持到底的孩子，其获得成功的机会往往要比其他孩子多，那些做什么事都半途而废，碰到一点点困难就轻言放弃的孩子，很可能会在人生的道路上遇到更多艰难险阻。

所以，从小培养孩子成为做事坚持到底的人，这是家长们不可推卸的责任。具体而言，家长可以选择以下方法让孩子学会坚持：

1. 孩子遇到困难要多鼓励，不要急于替他解决难题

平时生活中，家长要求孩子做某事时，应该多给予其支持和鼓励。而当孩子遇到一些挫折或难题，家长不应立即去替孩子解决难题，而是应该尽量鼓励孩子再想想其他办法，让他多尝试几次。若家长在任何事情上都给予孩子过多帮助，甚至对他的事大包大揽，那么久而久之，孩子就会产生很强的依赖性，遇到任何困难都会想着找家长来解决，而不是自己继续坚持下去。

2. 要注意帮孩子排除干扰，营造良好的成长环境

很多时候，孩子不能坚持做完某件事，并不是因为他中途遇到了困难，而是受到周围其他事物的干扰，这使他无法静下心来继续完成任务。

培养孩子高情商的100个细节

所以，当孩子在做某事时，家长应注意帮他排除有关的干扰，如孩子写作业时，家长应尽量少走动，避免大吵大闹或将电视声音开得很大，以免分散孩子的注意力。

3. 引导孩子做事时看重过程而不是结果

对孩子而言，做一件事的过程要重于其结果，因为在这个过程中，孩子要不断思考问题、分析问题，要独自面对其中的一些难题，要通过自己的努力去解决这些难题。这一系列过程，正是培养孩子坚持性的关键，倘若家长教育孩子重结果而轻过程，那就很难保证孩子不会单纯为"完任务"而消极敷衍、草草了事，甚至找人代工。

4. 给孩子的任务要适量，难度也要适中

孩子做事半途而废，有时是因为他接受任务的难度太大或任务量太重，是他力所不能及的。这种情况下，孩子很容易灰心丧气，并因此而无法坚持到底。

因此，在培养孩子做事坚持到底的习惯时，家长要适时适量地给他布置任务，任务不能太多、太难，否则孩子就难以体验到成功的乐趣，进而不愿坚持不懈去努力。

细节92：适者生存，培养孩子的适应能力

小女孩怜怜从小适应能力就比较差，也不喜欢出门。爸妈带她出去，即使是去亲戚家，她也会觉得很别扭，不会和亲戚打招呼，总是悄悄躲在妈妈身后。

后来，怜怜进了幼儿园，很多小朋友都想找她一起玩儿，可她却十分不情愿，总是一个人在教室的角落里安静地坐着。有时其他小朋友逗她玩儿，或者要借她的学习用品，她要么一声不吭，要么就开始哭泣，好像别人都要欺负她。大半年后，怜怜好不容易有点儿适应幼儿园的环境，不那么爱哭了，可一次，幼儿园换了位老师，她又出现了不适应的状况。

原本，怜怜已经认同了之前那位老师的教育方法，也很愿意听她的话。可那位老师临时被调走了，新来的老师虽然也很优秀，对小朋友们都很好，但她的有些教学方法不同于之前的老师，所以怜怜觉得不习惯。在之后很长一段时间里，怜怜都

第十一章　8项训练，培养孩子直面现实、敢于接受挑战的情商

没有学习的积极性，以前学会的一些舞蹈、诗词等，她也渐渐都忘了，而且总是抗拒学习新的东西。

对此，怜怜的爸妈很着急，他们清楚，在孩子成长的过程中，她必须学会适应不同的老师、不同的环境。但怜怜的适应能力比很多小朋友都差，他们真的很担心，害怕这样继续下去，将来怜怜即使长大成人，也无法适应这个社会。

任何一个孩子都终究要走向社会，要独立去完成自己人生中的许多大事，那么，如果孩子缺乏适应能力，就很难立足于社会。

一个孩子若缺乏适应能力，在婴儿时期就会有明显的表现，如不能适应皮肤所接触的各种东西，包括换衣服、换床单等；自我保护性反应过于强烈，比较情绪化，如爱哭、睡觉不踏实等；耐心较差，坐不住板凳，外出时怕拥挤，不愿待在陌生的环境中，等等。

孩子的适应能力，直接影响到其情商水平的高低。而在竞争激烈的社会中，没有哪位家长希望自己的孩子是高智商低情商甚至低智商低情商的人。所以，作为家长，从小督促孩子认真学习，扎实学好科学知识很重要，但更重要的是培养他适应社会的能力。具体来说，培养孩子的适应能力，家长可以从以下方面入手：

1. 引导孩子多接触新环境

很多适应能力较差的孩子，到了陌生的环境中，会惧怕与人交往，无法快速融入其中。对于这样的孩子，家长要做的时多创造机会让孩子接触新的不同于自家的环境，并鼓励他在新环境中积极与人交往，或自己去发现许多新鲜有趣的东西。

平时生活中，家长可多带孩子外出郊游，或到公园、游乐场玩耍，让他在属于孩子们的天地里不断探索新的东西，包括结交新的朋友。一段时间后，待孩子可以顺利与他人交往后，家长可以再鼓励孩子独自外出办一些简单的事情，以试着适应社会生活。当然，家长应让孩子去做自己力所能及的事，还要确保安全。

2. 可以适当与孩子分离

适应能力较差的孩子，往往离不开家长，独立性较差，一般的表现是在离开家长后产生焦虑情绪，甚至哭闹，哭过闹过之后仍会感觉茫然，很难在新环境中独自生活。对此，家长要做的不是寸步不离地照顾孩子，而是寻找适当的机会与孩子分离，培养孩子的独立意识，进而训练其适应能力。

日常生活中，家长应注意观察孩子的行为，发现他有能力独立处理某些事情时，就可以暂时离开。但在离开之前，家长要清楚地告诉孩子自己要离开多久，要

让孩子有安全感。

3. 孩子在新环境中有进步时要及时表扬

"宝宝今天真棒,会笑着去幼儿园啦,妈妈真为你高兴!"上幼儿园一段时间后,怜怜的妈妈表扬道。

刚开始上幼儿园,怜怜有诸多不适应,总是不愿意去。但在爸妈的鼓励和帮助下,渐渐地,怜怜不再抗拒去幼儿园,有一天起床后竟开开心心地收拾小书包。为了激励怜怜今后继续高高兴兴去幼儿园,妈妈便表扬了她,同时还说,"怜怜真是个乖孩子,明天还笑着去幼儿园好吗?"

受到表扬的怜怜更加开心了,好像已经获得了成功的体验。从那以后,怜怜开始一点一点地适应幼儿园这个新环境,直到换了新的老师,她才出现了另外的不适应状况。

好孩子是夸出来的,恰当的表扬与奖励,会让孩子更加有信心去适应新的环境。

4. 学习上,孩子不适应新老师,家长应多辅导

对于像怜怜这种不适应新老师的孩子,家长应清楚地告诉他不一样的老师有不一样的好,而且学习是自己的事情,只要调整好自己的状态,学习成绩也会不断提高。

当然,家长除了鼓励孩子试着欣赏不同的老师之外,还应适时了解其学习情况,及时发现孩子在学习中遇到的困难,并进行相应的辅导,以免他因不喜欢新老师而丧失学习的信心。

细节93:教孩子学会自我保护

对于家长而言,孩子的安全与健康永远是他们心中最大的牵挂。孩子独自外出时,家长会担心他被陌生人欺骗了怎么办;孩子一个人在家时,家长会担心有坏人敲门,孩子糊里糊涂地就开了门;孩子去上学,会担心高年级的同学或社会上的小混混欺负他;出门打出租车,会担心孩子被坏人诱拐到陌生的地方……

家长并不能时时刻刻守在孩子身边,所以为孩子的安全担忧是难免的。而事实

第十一章　8项训练，培养孩子直面现实、敢于接受挑战的情商

上，我们的周围的的确确发生着不少安全事故，这迫使家长们不得不更加提高警惕。

一天下午，刚上小学一年级的莉莉放学后，发现妈妈没有来接她，便心想：反正学校离家不远，我已经上小学，能自己回家。

于是，莉莉一个人高高兴兴地朝她家所在的小区走去。可是，走到半路上，有个中年男人开始跟着莉莉。莉莉走路速度慢，所以那个中年男人一直走走停停，始终没有走到她前面。等莉莉走进小区，那个男人便主动迎上前来说自己也住这个小区，然后问莉莉家是几栋几号。

原本，以莉莉活泼开朗，又没有太多心眼儿的性格，她可能会将自己家的门牌号如实告诉那个中年男人。可正当莉莉要开口时，身后一个熟悉的声音传来："莉莉，你站在这里干什么，怎么不回家？"是莉莉爸爸在说话。

莉莉转头看到了爸爸和他的几位同事，然后笑着说："没什么，这位叔叔想知道我们家在哪儿。"

这时，看到莉莉爸爸和他身边另外几个健壮的男子，那个中年男人立马灰溜溜地往小区门外跑，边跑还边说："哎呀，突然想起来我还有事，先走了！"

这件事给了莉莉爸爸一个警示，他觉得有必要加强莉莉的自我保护意识，让她对陌生人提高警惕，而不是再像今天这样，将自己家里的情况随便告诉陌生人。

莉莉算是幸运的，虽然不知道那个中年男人有何企图，但爸爸的及时出现避免了不安全事件的发生。可是，幸运之神不一定永远守护着莉莉以及其他每一个小朋友，所以孩子学会自我保护，才是其避免或减少意外伤害的关键。

当然，让孩子学会自我保护，这不是一朝一夕的事，它需要家长的长期指导和帮助。也就是说，家长要从小教会孩子，该如何避免、远离甚至消灭已经遇到的或有可能遇到的各种危险，具体方法可参考以下几种：

1. 告诉孩子他可能遇到哪些危险，并提高其灵敏度

孩子的生活经历和人生阅历有限，很多时候无法意识到自己是否处于危险之中。所以，平时生活中，家长应时常告诉孩子什么是危险，他有可能遇到哪些危险，并教会他如何避免这些危险，如告诉他荡秋千时不抓紧秋千绳，可能会摔下来；一边走路一边看书，可能会被车撞到；等等。

另外，当孩子清楚什么是危险、怎样避免危险等问题后，家长还应想办法提高其灵敏度，一个比较好的方法是让孩子多做球类运动，如踢足球、打篮球等。这些

球类运动需要孩子敏锐地判断球的来去方向，并很快做出击球、接球、传球等反应，所以是提高其灵敏度的有效途径。

2. 培养孩子良好的生活习惯

孩子养成各种良好的生活习惯，这是其加强自我保护的前提，如果连最基本的生活经验都不具备，又如何去预防和应对其他紧急情况和危险状况。

日常生活中，家长教孩子学会正确有序的穿衣方式，告诉他增减衣服的规律，可以帮其有效预防感冒；督促孩子规律饮食，吃饭时不让他嬉笑打闹，可避免异物进入气管，保护身体内各器官不受损害；告诉孩子多喝开水能使身体健康，行走时手不插兜易使身体保持平衡，公共场合不能离开家长以免走失等。

总之，这些看似平凡的"小事"，却是影响孩子安全与健康的大事，一不小心就有可能酿成大祸。

3. 训练孩子的短、长跑能力

有时孩子遇到危险，最简单的方法或许是最有效的自我保护法，比如"跑"。现实生活中，当孩子遇到歹徒行凶等危险时，"跑"或许也正是他远离危险的最好方法。当然，跑也是有技巧的，家长要告诉孩子，当遇到歹徒行凶等情况时，不仅要马上向远离歹徒、向有出口、向人多的方向跑，还要大声呼救。

所以，生活中，家长应重视对孩子短跑和长跑能力的训练，要提高其身体素质，让他在紧急时刻有足够的体力去摆脱危险。

第十二章

有所为有所不为，父母培养孩子情商要避开的7个误区

每一位家长都希望自己的孩子出类拔萃，成为人中龙凤。因此，他们送孩子学习各种理论知识和技能，在此过程中，他们也渐渐认识到情绪、情感、意志、态度等心理素质教育方面的重要性，即情商教育对孩子健康成长的重要意义。于是，他们也开始致力于加强对孩子情商的培养，但并不是所有人都能做好这件事。很多家长都由于受传统教育理念的束缚，不能正确地认识情商教育，在培养孩子情商的过程中陷入了各种误区，而使得结果常常适得其反。

第十二章 有所为有所不为，父母培养孩子情商要避开的7个误区

细节94：让孩子远离单纯的行为模仿

广东顺德某小学曾有一名小学生，在课间嬉戏时竟被同班同学用刀刺中左胸部，送入医院后没多久，便因流血过多而不治身亡。

后来，家长和老师们通过调查才得知，这名学生在课间休息时与班上另外10多个男孩，一起在教学楼的楼梯间模仿网络对打游戏，有的拿着小刀，有的举着坏了的凳子腿，他们分成两队玩起来了"打架真人秀"。

刺伤这名学生的是平时与他关系要好的一个男孩，他们是同乡，常常在一块儿玩耍。但那天在楼梯间"对打"时，他们俩被分在"敌对"的两边。于是，在互相推打的过程中，那个男孩用一把弹簧小刀刺中了平日里的伙伴，使其因抢救无效而死亡。

酿成这样的悲剧并不是孩子们的本意，他们原本只是为了玩得更开心而模仿网络上的对打游戏，却没料到这种"真人秀"会如此危险。

事件发生后，警方和记者在调查时采访了死者的另外一些同学，其中有一位同学这样说道："他们俩平时关系很好，经常一起玩。不知道怎么会突然拿刀子捅人。我想这一定是意外。"可见，拿刀刺伤别人的男孩并未带有仇恨情绪，而是由于单纯地模仿网络游戏中的场景而伤害了对方。

在玩网络游戏时，孩子们往往会忽视生与死的危险，而心智尚未成熟的他们又喜欢不加考虑地模仿别人或游戏中的情境。这种情况下，孩子缺乏明辨是非的能力，没有对事物做出正确的判断，所以他的模仿行为是缺乏理智的。

模仿能力是孩子与生俱来的，是其认知和发展独立性的基础，而他模仿的对象，除网络游戏中的角色、影视中的人物、身边的小伙伴等，最重要的还有自己的父母。几乎所有的孩子，自出生起就开始模仿父母的语言、行为，比如爸爸突然喊叫一声，妈妈吓了一跳，这时孩子可能会觉得有趣，会故意模仿着喊叫，想再看看妈妈的反应。

一般而言，孩子通过模仿，便能渐渐认识身边的人和生活中的各种事物，使自

己的认知能力得以提高，还能增进亲子间的感情，并通过模仿父母的许多正确行为逐渐养成一些良好的习惯等。但与之相对的是，有时在单纯模仿别人或其他场景的过程中，孩子也很可能学到一些错误的东西或染上不良习气，这与他的辨别能力较差有关，也与家长对他的情商教育缺乏有关。

孩子模仿一些危险情境或不良行为，往往是因为对自我、对周围事物的认识不够充分，在行为发生的过程中又无法很好地控制自己，致使非理智的模仿行为对自己、对周围人造成损害，这正是他情商水平较低的表现。

因此，要让孩子远离单纯行为模仿，家长应从小重视对他的情商教育，在思想品德、心理健康等方面对其进行精心培养，以下几种方法可供家长们参考：

1. 严格要求自己的一言一行，做好的榜样

日常生活中，父母的一言一行都被孩子看在眼里。在孩子还未真正成熟起来时，他会将父母当做自己学习的榜样，父母的言行举止自然就是他要模仿的重要内容。

所以，在孩子情商形成的关键期，父母一定要严格要求自己，要给孩子做好的榜样，无论是吃饭、睡觉，还是学习、做家务、玩游戏等，都要用最正确的方式给他积极的引导。

2. 对于网络、电视中的情境，家长应向孩子做出正确的解释

5岁的男孩小竞已开始上幼儿园，渐渐接触了不少同龄的小伙伴。最近，小竞经常嘲笑妈妈"洗衣板"似的扁平胸，还说"女人真麻烦"之类的话，这让妈妈非常苦恼。起初，妈妈以为这些话是小竞从其他小朋友那里听来的，后来才发现，他是在模仿日本动画片《蜡笔小新》中小新的"雷人"言行。

除了说些成人话，有一次在幼儿园的小操场上玩耍时，小竞还突然脱下裤子扭起屁股，嘴里唱着"大象大象，鼻子怎么这么长"，其他许多小朋友看到后都害羞地跑开了。后来，妈妈知道此事后，认为不能再让小竞这样模仿动画片中的情境了，否则以后他可能会模仿影视中的许多恶劣行为。

此后，小竞每次看电视、上网，妈妈都尽可能陪在他身边，一边和他说笑，增加交流，一边向他解释电视或网络中的某些情境及人物的行为，告诉他哪些行为是正确的，是值得学习的，哪些错误的，是绝对不能模仿。而对于那些错误的、恶劣的行为，妈妈在禁止小竞模仿的同时，还会举例告诉他该行为可能造成的不良后

第十二章　有所为有所不为，父母培养孩子情商要避开的7个误区

果，让小竞对此有更清楚的认知。

小孩子模仿电视、网络上的情境，这是十分普遍的事。但孩子的认知能力差，有时看到新鲜有趣的画面，他不理解其中的真正含义，只会单纯模仿，结果就很容易模仿到一些不良行为。针对这种情况，家长应在平时生活中多注意引导孩子观看积极、健康的电视节目等，并时常陪伴孩子，在发现电视、网络上的一些语言、画面不利于孩子身心健康时，要及时向他做出正确的解释，告诉孩子正确的说法、做法是怎样的。

3. 孩子出现不良模仿行为时可尽量转移其注意力

有时，孩子模仿家长或周围人的一些不良行为，若没有太大危险性，家长则不必过分斥责孩子，可以采用转移注意力的方法让他暂时放弃模仿该行为。比如，当孩子模仿大人，将笔拿在手中不停地转着玩时，家长最好用其他有益智作用的玩具转移其注意力，以免不小心将笔摔坏或让它"飞"出去打到别人甚至自己。

细节95：教育孩子切莫重物质轻精神

杨女士的女儿小羽11岁了，她从小过着衣食无忧的生活。因为小羽是家里的独生女，而家庭经济条件也比较宽松，所以杨女士夫妇一直尽可能满足她所有的物质需求。

小羽很小的时候，杨女士夫妇就经常买各种各样的玩具给她，出去逛街，小羽想要什么就买什么，哪怕贵一点也没关系。那时，杨女士夫妇深信"穷养儿，富养女"，他们想给宝贝女儿最好的物质生活。

可是，小羽渐渐长大了，穿着一身名牌，用着高档学习用品，心理素质却越来越差，心灵变得十分脆弱，并且做任何事首先要以金钱衡量其价值。8岁那年，小羽快要考试时，杨女士夫妇鼓励她好好复习，以取得更好的成绩，她却理直气壮地问："这次我考好了能多拿到多少零花钱呢？"

原来，小羽一直不爱学习，她最大的动力就是取得好成绩后从爸妈那里获得的物质奖励。听了小羽的话，杨女士夫妇都哭笑不得，他们清楚地意识到，不能继续

这样无条件地满足女儿的物质需求，更不能忽视她的精神生活。自那以后，杨女士夫妇开始咨询心理医生和儿童教育专家，希望他们提供一些对孩子进行情感、精神关爱的好方法。

现实生活中的家长，不乏遇到像杨女士夫妇面临的家教难题。许多父母童年时的物质生活不尽如人意，很多时候连得到一块糖、一个洋娃娃都是奢望，所以有了孩子后，他们会竭尽全力给他最好的东西，认为这是爱孩子的最好方法。

可没想到，父母过于重视孩子物质生活水平的提高，忽略对其进行情感、精神上的关爱，渐渐就导致孩子的情商过低，出现不能吃苦、自私任性、缺乏责任心和互助精神等不良品行。

教育界专家认为，在父母溺爱、物质条件过于优越的环境中成长的孩子，尤其是独生子女，往往会在品德、行为方面出现一些通病，主要包括：以自我为中心，缺乏责任心，遇到一点小事就大发脾气；抗挫能力差，吃不得任何苦头；缺乏谦让、团结互助精神，做事只依自己的喜好；自理能力差，很难独立完成各项任务，喜欢依赖家长或身边其他人。而这些，也都是孩子情商相对较低的表现。

所以，为了让孩子养成良好的行为习惯，具备优秀的道德品质，以高情商应对将来生活中的各种挑战，家长应从小重视对其进行精神关爱，而不是过分重物质。具体来说，家长可以采取以下方法丰富孩子的精神生活：

1. 培养孩子的兴趣，并让他体验成功的喜悦

给孩子创造好的物质生活条件，这是家长疼爱孩子的一种方式，但不是唯一的也不是最好的方法。对孩子来说，做他最喜欢、最感兴趣的事，这或许比获得金钱或其他物质条件更值得高兴。而当孩子在他感兴趣的事情上适当获得成功的体验，他就会变得更加自信，对其他物质条件的渴望程度会越来越低。

2. 给孩子多些精神鼓励，少些物质奖励

家长应从小引导孩子树立正确的学习、做事目的，不要让他产生过多的索取欲望。这个过程中，家长应多从精神方面去鼓励孩子做好每一件事。对孩子而言，生活、学习中听到的一句褒奖、赞美的话，或许要比金钱有价值得多。

金钱不是万能的，在教育孩子的过程中，物质奖励自然也不是有百利而无一害的。上述事例中，杨女士夫妇咨询教育专家后，决定对小羽多进行精神鼓励。关于考试，杨女士会告诉小羽：加油哦，放轻松，尽力去准备就可以了！如果成绩好，杨女士就会帮小羽达成一个小愿望。比如,小羽喜欢学武术,杨女士原本并不支持,但9岁那年,她的学习成绩不错,杨女士就奖励她之后的每周日到少年宫学习武术。小羽的愿望得以满足,她的心情比之前好了很多,学习也越来越用功。

3. 尽早让孩子学习独立做家务,独立生活

在孩子成长的过程中,学会做家务、独立完成需外出办理的一些事,也是其精神生活的重要组成部分。这不仅能训练孩子的自理能力,还能让他在亲身体验的过程中知道要办成一件事并不容易,只有勇于尝试、探索,有坚强的意志力,才能获得更多成功的体验,自己的精神和物质生活才能更加丰富。

细节96:望子成龙,却不拿孩子的兴趣当回事儿

已上初中的女孩冰冰最近最讨厌的事情就是放学回家,每天最后一节课的下课铃一响,她的脸上就没了笑容,整个人显得无精打采的。

"冰冰,你最近怎么总是不高兴呢?要不我陪你去逛逛街吧,昨天我看到一个特别漂亮的发夹,很适合你戴呢。"放学后,冰冰的同学关心道。

冰冰长叹了一口气,无奈地回答道:"我去不了,妈妈还在等着回家练钢琴呢,她帮我请了位很有名的钢琴教师。"

"又让你学钢琴了啊?"同学小声问。

冰冰又无奈地点了点头。其实,冰冰根本不喜欢学钢琴,她最感兴趣的是做手工艺品,还经常偷偷找材料做各种各样的小玩意儿,有墙上挂的、桌上摆的,还有身上戴的。可妈妈觉得这是种粗活,冰冰将来应该有大成就,而不是整天摆弄各种手工制品。在妈妈看来,音乐、舞蹈等更适合冰冰去学习。为此,妈妈专门请来了远近闻名的一位钢琴老师,冰冰不敢违背妈妈的意愿,只好每天硬着头皮去学钢琴。

可是,每次冰冰学钢琴都是心不在焉的。一年多的时间里,她在弹钢琴方面几乎没有一点进步。不仅如此,妈妈强制性要求她学钢琴的行为,还严重影响了她的情绪状态,使她变得沉默寡言,学习成绩也在不断下降。

后来，妈妈才意识到，强迫孩子做她不感兴趣的事，这或许真的很难让她有所作为。在咨询了几位教育专家后，妈妈决定从冰冰的兴趣出发，重新调整自己的教育方式。

英国人在教育孩子时十分注重培养其兴趣，因为在他们看来，任何人只有喜欢热爱自己正在做的事，才会不顾一切地投入精力，再辛苦也不会觉得痛苦，如果做自己不感兴趣的事，那么即使不辛苦也会很痛苦。

事实上，无论在哪个国家，兴趣对一个人来说都极其重要，不管做什么事，有了兴趣可能再难的问题也会迎刃而解，但若没有兴趣，再容易的事都无法做好。所以，作为家长，望子成龙、望女成凤，这都是人之常情，但在此过程中，家长应该尽量让孩子做他感兴趣的事，而不是将自己的想法强加在孩子身上。

1. 给孩子发展自己兴趣的自由

在尊重、培养孩子兴趣方面，著名画家达·芬奇的父亲的做法，值得现今的许多家长学习借鉴。达·芬奇的父亲彼特罗教育儿子的信条是：给孩子最大的自由，是让他发展自己的兴趣。

6岁的达·芬奇在学校学了不少知识，但他却对绘画情有独钟。有时，他也会搞些恶作剧，用自己画的比较恐怖的画吓唬父亲。父亲并没有责骂他，而是让他认真解释这些画中的所有元素，并让他陈述作画的整个过程是怎样的，当中是否遇到难题等。

渐渐地，在父亲的支持与鼓励下，达·芬奇的绘画技巧越来越高超，最后终于成为一代名家。

2. 多观察孩子，多听他的想法，善于发现其兴趣

家长要鼓励孩子发展自己的兴趣，前提是要知道孩子到底对何事感兴趣，即先发现其兴趣爱好，再试着引导他在自己感兴趣的事上下功夫。

那么，家长如何发现孩子的兴趣呢？正确的做法是先养成仔细观察孩子的习惯，在平时生活中多留意他的一举一动，他反反复复做的事情往往就是自己感兴趣的；其次要与孩子平等交流，要多听听他的想法，试着尊重并采纳孩子的意见，这样孩子慢慢就会更大胆地表达自己的见解，也有勇气做自己喜欢的事。

3. 家长自己也应有健康的兴趣爱好

要培养优秀的、有自己专长的孩子，家长自身也应有健康的兴趣爱好，如下

第十二章　有所为有所不为，父母培养孩子情商要避开的7个误区

棋、养花、写字作画等，这不仅能提高自己生活的情趣和质量，还能引导孩子参加类似的比较健康的文化活动，以培养其兴趣。

当然，孩子对许多事物有自己的理解和想法，家长不能完全从自己的喜好出发去培养孩子的兴趣。对于自己参加的活动，孩子若喜欢，家长就应鼓励他坚持下去，但若不喜欢，就不能逼他参加，否则只会适得其反，限制其个性的发展。

细节97：培养孩子的耐心，重在自己有耐心

家长通过孩子感兴趣的东西转移其注意力，使其在长期的训练中形成习惯，从而提高耐性。但是若想让此种方法发挥培养孩子耐心的作用，父母自己也要有耐心和恒心，不能试一两次没有效果就放弃，更不能因孩子一时没有进步就责骂、批评他。

生活中，很多家长经常会抱怨：孩子一点耐心都没有，性子急躁，做事总是虎头蛇尾，半途而废。然而，针对孩子的这些坏习惯，有些家长不是简单粗暴地对待，就是在发现问题后又置之不理，根本没有耐心认真引导孩子去改善自己。

其实，在培养孩子耐心的过程中，家长自己的耐心也很重要。很多时候，孩子因为年龄小，不懂得该怎样做事、怎样与家长交流，这时如果家长对其失去耐心，亲子间的沟通就会不通畅，孩子做事时也就失去了好的指导者。

因此，平时生活中，家长要培养孩子的耐心，自己首先要做个好榜样，要用耐心和恒心去教育孩子。倘若家长做事马虎急躁、有始无终，对孩子的要求也往往是虎头蛇尾，那么孩子也很容易养成这样的不良行为习惯。具体来说，家长还应从以下方面耐心地培养孩子：

1. 明确要求孩子对正在进行的活动做个了结

家长最好每天帮孩子制定当天的活动计划，让他清楚地知道早晨该做些什么、分别要花多长时间、下午或晚上还有哪些事要做等。而在开始一项新的活动之前，家长应该要求孩子先认真了结前一项活动。比如，周末的下午孩子要画画，还要去体育场踢球，那么家长就应在中午时就告诉他，画好画之后就去踢球，而且要记得

在孩子出去之前认真检查他的画到底有没有画完。

2. 宽容孩子，不要动不动对其发火

3岁的小女孩心心想用积木搭一栋别墅，可很长时间过去了，她还是没有搭成功。心心着急地哭闹起来，这时她的爸爸正好下班回家，在厨房做饭的妈妈便让他赶快哄哄心心。

于是，爸爸走上前去哄心心。但几分钟过去了，心心仍然没有停止哭闹，爸爸便没有耐心了，他大声"唬"道："别哭了，烦不烦，有什么大不了的事儿！"听到这话，心心哭得更厉害了，而且开始使劲推爸爸，不想让爸爸待在她身边。后来，妈妈又跑过来哄心心，她选择了耐着性子和心心说话。妈妈将心心抱入怀中，一边轻轻抚摸她，一边用温柔的语气安慰她，等她情绪稳定后，又仔细询问哭闹的原因。之后，妈妈又认真地帮着心心继续用积木搭别墅。在妈妈的耐心指导下，心心这次终于成功，她高兴极了。

在教育孩子的过程中，家长应该宽容一些，要求孩子做某事时要多鼓励他；当他表现得差强人意或做事半途而废时，要耐心地对他讲道理，而不是用斥责、严惩的方式给孩子施加压力。

 细节98：培养独立的孩子，家长不要过分关心或迁就

很多孩子小时候都喜欢像个"跟屁虫"一样跟着爸妈，爸妈走到哪里，他必须跟到哪里；有时爸妈要出门办事，孩子也会死缠烂打地跟着去。

对每一个家庭来说，孩子都是其幸福和快乐的源泉，但有时孩子较起劲，过度依赖父母，也会让许多家长头疼不已，年轻妈妈小凌就曾多次遇到类似的尴尬场面。

小凌的女儿陌陌从小就是家里人公认的"跟屁虫"，尤其喜欢一刻都不停地跟着小凌。

以前，每天小凌要出去买菜或处理其他事情时，陌陌一看到她穿衣服准备出

第十二章　有所为有所不为，父母培养孩子情商要避开的7个误区

门，就紧紧抱住她腿，或者用力拽她的衣襟，然后很着急地问："妈妈，你要去哪里？我也要去！"这种情况下，任凭小凌怎样劝说，陌陌都不会放手。

一次，小凌陪陌陌在家开心地玩玩具，快到中午吃饭时间了，她发现家里已经没有任何蔬菜，就想去超市买一些。当时，陌陌正玩得开心，小凌以为她这次肯定不会再当小"跟屁虫"。于是，小凌轻声对她说："妈妈出去买点菜，你跟爸爸玩一会儿好吗？"结果，陌陌立马变了脸，嘟着小嘴直喊"妈妈别走"。小凌好言相劝，陌陌仍然不依不挠，非要跟着一起去，而且眼泪鼻涕都出来了。原本小凌还想强行离开，让陌陌学着独处，可这样一哭闹，小凌彻底没办法了，只好迁就她，带她一起去买菜。

陌陌渐渐长大了，已经开始上小学，可她依然离不了小凌。每天早晨，小凌要去上班，陌陌要么拉住不让走，要么必须让小凌送她去学校，否则她就不上学。可小凌上班时间比较早，实在来不及送陌陌去学校。为此，她甚至想过辞去工作。

但后来，小凌夫妇又仔细考虑了一番，认为不能再这样过分迁就陌陌了，否则她将来会愈发依赖别人，根本不知道该如何独立自主。于是，他们决定赶快行动起来培养陌陌的独立性，不再过分迁就或溺爱她。

其实，要让孩子真正变得独立，家长自身首先要改变对其固有的态度，不能过度关心或迁就孩子，否则会让他变得过于情绪化，或产生很强的依赖性。那么，到底家长该如何改变自身呢？

1. 对孩子该放手时就放手，看到他正在做事，做得不好也要忍着不去"帮忙"

刘女士是一家电器公司的普通职员，每天工作都很忙。但即使如此，她还是每天中午换两次公交车回家，最主要的目的就是给上初中的儿子做饭，因为她觉得学校的饭菜不可口，儿子吃不习惯。每次做好饭之后，刘女士还顾不上吃，就又要赶着去上班。这样每天奔波，虽然辛苦，但她觉得很值得，她说自己跑点路吃点苦没关系，只要孩子吃得好、学得好，她什么都愿意做。

然而，刘女士的做法只是自己一厢情愿，学习任务比较繁重的儿子并不想和妈妈一样，每天中午来回奔波。渐渐地，儿子非但没有感动，反而越来越不愿和妈妈亲近，因为他感觉妈妈没有给予他充分的信任。

家长的过度关心、呵护，可能会给孩子的身心健康带来不良影响，如让他变得自私、依赖。所以，平时生活中，家长对孩子的学习、生活应适当放手，给予他充

分的信任，让他自己去奋斗。而当孩子在做某事时遇到难题，家长也要先忍住不去"帮忙"，否则可能越帮越忙，使孩子彻底失去独立做事的信心与勇气。

2. 对自己能做的事情，孩子却不愿意去做时，家长不能过分迁就他

教育专家认为，对于孩子的不良行为或不合理要求，家长不能迁就、顺从，否则就是在助长他"自我为中心"的不良心理，这种心理很容易让他变得自私自利，却很难让学会自立。

所以，若家长们遇到像小凌所面临的问题，那就不要继续迁就孩子，不要一味顺从他，让他觉得一切都是理所当然，他想干什么就能干什么。相反，家长们应该坚持自己的原则，冷静地爱孩子，必要时让他尝一点苦头，这样他就能慢慢意识到，很多事情是自己必须独立去完成的。

解铃还须系铃人，家长要改变孩子的坏毛病，首先得改变自己的教育方式。当然，孩子在家长的溺爱中已生活好几年，要改掉一些坏习惯并不是件容易的事。对此，家长一定要有耐心，要学会对孩子说"不"，让他明白自己并非可以为所欲为。

细节99："当众批评"会吓走孩子的自信心

专家研究发现，在普通的家庭里，一个孩子平均受到10次批评，才会得到1次夸奖和鼓励，这种现象正是孩子缺乏自信的重要原因之一。而许多家长在教育孩子的过程中，还容易当众批评孩子，并认为只有在众人面前批评，孩子才能"长记性"，之后才能更好地改正错误或在众人的监督下不断进步。

然而，事实并非如此。俗话说"数子十过不如奖子一功"，就是说孩子经常得到肯定和表扬，才会更加自信地面对一切。家长当众批评孩子，只会加倍损害他的自尊心，打击其自信心，甚至让他在别人面前抬不起头，或时常生活在羞愧、恐惧之中。

8岁的男孩小坤从小在爷爷奶奶身边长大，受到他们无微不至的照顾。因为这样，小坤到8岁时连被子都不会叠、袜子都不会洗，自己生活中的很多小事，他都完全不会处理，而且性格比较内向。

第十二章　有所为有所不为，父母培养孩子情商要避开的7个误区

不久前，小坤回到爸爸妈妈身边。一次，家里来了客人，爸爸让小坤帮忙给客人倒杯水，结果小坤不小心将杯子摔碎了。于是，爸爸很生气，当着客人的面狠狠地批评了小坤，不仅说他"笨"，还斥责道："赶快回你房间待着吧，以后再这样，就别怪我打你！"

受到爸爸批评的小坤羞愧极了，他回到自己房间后就躲在一个墙角上偷偷哭泣。那天以后，小坤每次和爸爸单独相处都很紧张，越紧张就越容易出错，受批评的次数就越多。最近，小坤竟然对爸爸产生恐惧感，不敢接近他，有时甚至会做噩梦。这时，小坤的爸爸妈妈才意识到事情的严重性，并决定赶快想办法重树孩子的自信心，不再用批评声包围他。

父母不宣扬子女的过错，子女就愈看重自己的名誉，他们觉得自己是有名誉的人，因而更会小心维护别人对自己的好评；若父母当众宣布他们的过失，他们便会失望，会无地自容，他们的名誉会受到打击，因而他们设法维护好评的意识就愈加淡薄。

所以，为增强孩子的自信心，家长千万要避免当众批评孩子，要注意保护其自尊心。

在孩子成长的过程中，家长应对其进行赏识教育，要学会尊重孩子、相信孩子，挖掘他的每一份潜力，并时常告诉他"你真棒"。这样，受到肯定与表扬的孩子就会为了维护这些好评而更加注意自己的言行举止，并有不断进步、不断完善自己的信心与动力。

当然，孩子都有各自的缺点，也常常会犯各种各样的错误。这时，家长可以通过善意的批评来指出孩子的过失与不足，并指导他不断改进，但绝不能不问青红皂白便严厉斥责或当众批评孩子。对孩子进行善意的批评，家长应做到以下几点：

1. 不把孩子当"私产"，从思想上真正尊重他，给他留"面子"

对家长而言，孩子并不是自己的"私产"，而是一个独立的个体，他需要获得别人的尊重与认可，更需要家长在身边时刻支持他、鼓励他，而不是动不动就批评、责罚。很多时候，家长过多的批评教育非但不能让孩子"长记性"，反而会让他失去自信，甚至开始从心理上惧怕或厌恶家长，认为家长不疼爱他。

2. 时刻提醒自己，孩子做错事时要在私底下批评教育他

任何时候，孩子做错了事，家长都应先冷静下来，观察周围的环境，如果有外

人在场，就不该立即指责孩子，而应将其带到无人处再批评教育。

另外，孩子的心理发育还不成熟，对待许多事情的态度会与家长不同。因为这样，孩子做事往往都有自己的原因，这些原因在家长看来可能微不足道，但对孩子而言或许是非常重要的。这时，如果家长在没有弄清楚事情原委的情况下就当众批评孩子，非但不能解决问题，反而可能使事情变得更糟，使孩子产生抵触情绪，甚至很可能冤枉了孩子，使其心灵受到严重创伤。所以，家长批评孩子之前还应想办法调查清楚事情的来龙去脉。

3. 给孩子一个申诉的机会

有些父母的"家长作风"比较严重，在孩子面前往往要表现出绝对的权威，不允许孩子反驳他的话、反对他的意见。而当孩子犯错或没有办好某些事情时，这种"家长作风"就会有更明显的体现，如父母的批评不符合事实，孩子想作出解释时，他们可能会更严厉地斥责孩子，说他是在狡辩或顶撞家长。

但事实上，如果家长不给孩子一个申诉、解释的机会，孩子表面上虚假地接受批评，心里却觉得十分委屈，长此以往，亲子间的关系会变得越来越疏远，孩子的自信心也会受到严重打击。

4. 批评孩子忌"秋后算账"

家长批评孩子要注意时间和场合，除不能当众批评外，还注意不能在清晨、吃饭时和睡觉前斥责他。

在批评孩子之时，家长要就事论事，心平气和地与孩子共同解决当前的问题，而不是东拉西扯地算旧账，把许多天前甚至一年前、两年前孩子的过失都"搬"出来。这样既失去了这一次批评的意义，又将事情搅和得越来越复杂，同时还增加了孩子心中的消极抵触情绪。

第十二章 有所为有所不为，父母培养孩子情商要避开的7个误区

 细节100：要孩子控制情绪，自己却经常跟孩子发脾气

张太太接到学校老师的电话，说她儿子在学校总是和同学乱发脾气，调皮又捣蛋，在学校惹了不少的事出来。张太太连连道歉，在电话里对老师保证："我一定会好好教育教育他的，给老师您添麻烦了，真是不好意思。"

"没事，这是我们学校的职责所在嘛。"老师客气了两句，电话就挂断了。

张太太挂上电话后，就开始琢磨怎么修理儿子。等到儿子从外面玩回来，她脑子里都想了七八个可行性方案，不过当儿子站在她面前时，她一个也想不起来了，头脑一热，就冲儿子发起脾气来。

"你说说你在学校都干了什么好事？使坏、捣乱、还莫名其妙对同学乱发脾气，你这像什么话，这是一个学生应该做的事情吗？你就不能控制一下自己的情绪，不到处添乱吗？你要是再这样的话……"

"妈妈，您不也一样吗？我刚回来，什么都不知道呢，您劈头盖脸就对我乱发脾气，我就算在学校怎么着，也是遗传的您！"

"你这孩子！你……"张太太被儿子一言给堵了回去，想说什么，可是仔细想一想，事实确实和儿子说的一样，她让儿子控制自己的情绪，可自己从一开始，就烦躁起来了。

孩子不听话，惹父母生气是很正常的，甚至是不可避免的，但是父母不能在教育孩子控制脾气的同时，自己还经常发脾气，否则会出现相反的家教效果的。如果孩子从小生长在经常大吼大叫，吵吵闹闹，揍揍的环境，日后势必对他的学习能力，社交行为和就业状态有很大的伤害。据调查研究，如果父母每天对孩子又吼又叫，孩子很少有不受到伤害的。

心理学家认为，父母对孩子发脾气、责骂，主要是受到自己对孩子的观念和想法所牵引，倒不一定是对孩子所作所为。比如，家长多希望自己的家长孩子是最棒的，如此期望过高，就会给孩子带来无形的压力"妈妈希望我成为最好的""我要

得第一名"若孩子达不到，加上家长的责骂，更容易形成自卑，认为自己最差、最笨，做任何事情都缺乏自信心，长大后易形成胆怯、缺乏勇气的人。

所以，当家长感觉自己心情不好时，可以用转换环境的办法转移注意力，比如听音乐、想点好玩的事情等调节自己，实在想发脾气的时候，赶紧给自己转移注意力，或者干脆换妻子或丈夫来看孩子，自己出去消消气儿。

当家长感到自己被孩子气的快发火时，可以先自己走开一会儿，平静下情绪，然后再回去，用平和的语气给孩子说，今天爸爸（妈妈）心情不好，很容易发火啊！暗示孩子不要再调皮捣蛋，否则可能真会挨训的。大多数情况下，孩子都会乖乖地听话。

另外，家长可以用共情法，真正和孩子打成一片，深入他的内心世界，了解他的思维和想法，站在他的角度去看事情，就会对孩子多一份理解，减少几分对他的责备和批评。当孩子出现问题时，家长也能以更为客观和体贴的视角去看待。当然，在家长和孩子的这个互动中，孩子也会更深地体会到父母对他的关爱和照料，他也会做事情时想父母会怎么想，为家长考虑，进而形成亲子情商家教的良性循环，家中也会少许多争执和斗争，多几分欢乐和温馨。